积雨云

卷积云

高积云

积云

中纬度地区云层的典型高度

SKYLINE
天 际 线

望远　知新

The Cloud Collector's Handbook

这本《云彩收集者手册》属于：

....

云彩收集者手册

［英国］加文·普雷特-平尼　著

王燕平　张　超　译

译林出版社

赏云协会
官方出版
www.cloudappreciationsociety.org

协会的图片编辑伊恩·洛克斯利（会员编号1868）负责本书图片研究。
英国皇家气象学会的斯蒂芬·伯特（会员编号2814）负责气象学指导。

序言

　　也许是出于职业习惯，我们天文工作者都热衷于看天。在晴朗的天气，抬头看天是一件非常有趣的事情，晚上可以看星，白天可以看云。过去这些年，我拍到过一些好看或特别的云彩和光学现象，有时候也会跟朋友们在微博上讨论相关的话题，有些云彩或光学现象至今在我脑海中保留着清晰的印记。在这个过程中我发现，收集各种各样的云是很有意思的事情。

　　国外很早就有人在做云彩收集，其中比较有代表性的，是英国一个叫"赏云协会"的组织，据说全球各地加入该组织的人数多达四万。现在大家手中的这本《云彩收集者手册》就是赏云协会的官方出版物，作者是该协会的会长加文·普雷特-平尼。他是英国知名记者，毕业于牛津大学，因为喜欢看云，也喜欢钻研云彩相关的知识，进而成立了赏云协会。

　　赏云协会的参与者经过多年努力，在 2017 年达成了一项重大成就：2017 年 3 月 23 日世界气象日，世界气象组织正式承认了赏云协会提出的一种新的云彩类型——糙面云，并在最新一版《国际云图》中在线发表，2017 年的世界气象日年度主题也被定为"观云识天"。可以说这是官方机构对这些云彩爱好者们特别的嘉奖。

　　说到中国，其实我们国内也有很多云彩爱好者，他们共同分享各种奇特的云彩照片，还致力于弄清它们的形成机制。几年前，遇到不太明白的云，我也曾试着去找一些书，然后我发现，介绍云彩的图书，主要是看云识天气或者是云彩民谚之类的，系统介绍云彩分类的中文科普图鉴大多是台湾朋友翻译过来的。直到2014年，我看到张超、王燕平和王辰写的《云与大气现象》，以图文并茂的形式详细介绍了云彩分类体系。

　　张超、王燕平夫妇是我的同行，他们是天文科普工作者，也是大家手中这本《云彩收集者手册》的译者，我曾向他们请教过很多与云彩相关的问题。感谢译林出版社独具慧眼，为国内广大云彩爱好者引进了这本书。我相信，各个年龄段的读者都能够通过这本小书快速了解云彩的基本常识，更好地领略和享受天空带给我们的美好。

　　　　　　　　　　　　　　　　　　　　朱进

　　　　　　　　　　　　　　　　北京天文馆馆长

目录与记分卡

用铅笔填写你的总分，并抄到第5页，作为你集云分数的流水记录。

如何收集云彩

"收集云彩"听起来仿佛是件荒谬的事情。像云彩这样瞬息万变、飘来飘去的东西，我们怎么能收集呢？毫无疑问，它们几乎就跟任何其他物品一样难以收集。

云朵遵循着大气层变幻莫测的法则，形成于稳定的气流中，而云的形态却总是在发生着变化。在某一刻，它们进入到波动气流中并扩散开来；下一刻，它们又被撕扯成碎片。在某一刻，它们高高耸立，筑成有着阴森云底的黑色云塔；下一刻，乌云消散，化作精致的半透明排骨云。再后来，它们就离开了——要么是以降雨的形式将水分倾泻出去，要么经过蒸发又重新回到蓝天之中。云就像是天空的表情，但并不是一件可有可无的摆设。你可以考虑去收集一切能收集的东西，收集云彩听上去似乎是其中最没意思的选项。

但是，你错了。收集东西并不等于要拥有它。你甚至也不用去想如何抓住它。你要做的，只是去看，去记录。

这才是本书的意义所在。它将把你领入收集云彩的大门，帮助你识别所有独具特色的云彩种类，以及云对太阳光散射、折射或衍射而形成的一些奇特的光学现象。当你观察到一种特

一整日的美丽云彩最终渲染上淡红色，形成荚状高积云。

美国内华达州和加利福尼亚州交界处上空，布赖恩·海托华（会员编号 7929）摄

殊的云，便可以将其详细记录在相关页面上，这种云就被你"收集"到了。理想的做法是随身携带一台相机，这样你就可以用照片作为你收集到某种云的证据了。

每增加一种藏品，你就可以获得集云的分值，分数的多少由这种云或现象的稀有程度决定。常见的层积云只会给你加 10 分，马蹄涡那种一闪而过的镰刀形云彩却能给你加 50 分。最高分 55 分属于非常罕见且生动的开尔文-亥姆霍兹波——云彩收集领域的珍宝。

你应该认真地把分数记录到"目录与记分卡"上，随着分数增加，你可以带着贪婪的笑声把那些分数数上一遍又一遍。这些分数将会作为判断你的收藏品价值的必要条件，也会加剧你与其他观云者之间的激烈竞争。

这本手册旨在作为你的照片记录的一个补充。当然，你也可以不拍照，不过很少有观云者会抗拒拍照。本书所有图片都来自赏云协会的成员，在协会官网上也可以看到这些照片的大图，同时还附上了云彩拍照小贴士（参见本页下方网址）。瞬时气象的这些照片记录可以说是你所收集到的云彩的物理表现，就像那些收藏在家里、偶尔被抚摸一下的东西一样。

云彩的命名体系类似于植物和动物的命名体系，通常用拉丁语把它们划分成不同的属、种和变种。本书只收录了比较有特色、容易辨别的云彩类型。至于官方认可的完整分类，其概述参见第6—7页。我们描述云彩的过程中用到的专有名词用黑体字标示，释义参见第100—103页。不过，每一大片云彩当中通常都包含一系列不同种类的云彩，所以不要指望这些图片中的云彩总是具有规则、清晰的形态。

收集云彩不像收集硬币那样有可持续性，也不像收集稀有邮票那样可以进行交换，但有一些非常切实的意义。云彩体现了我们周围这个世界的变幻无常。就像拉尔夫·沃尔多·爱默生写的那样，"自然是一朵多变的云，始终一样，却又从不一样"。

加文·普雷特-平尼

赏云协会

www.cloudappreciationsociety.org/collecting

你的收藏品价值几何？

当你收集的云彩不断增多，你可以根据记分卡上的分值算出总分，然后用铅笔更新本页的分数。

A项总分 [   ] 最大值: 350

+

B项总分 [   ] 最大值: 350

+

C项总分 [   ] 最大值: 350

+

D项总分 [   ] 最大值: 525

+

E项总分 [   ] 最大值: 425

收集云彩所得总分：

[   ]

满分为2000分

云的分类

云的正式分类是参照林奈所创立的分类法（就像动植物分类中用到的，用拉丁文进行命名），根据云的高度和外观对它们进行划分。这个系统并不全面，大多数云被归到十个主要的**属**里。它

云族	属	种 （只能是一种）	变　种 （可以是不止一种）	附属云和 附属特征
低云族	积云（9）	淡积云 中积云 浓积云 碎积云	辐辏状积云（39）	幞状积云（43） 缟状积云（45） 幡状积云（51） 降水线迹积云 弧状积云（53） 破片状积云（47） 管状积云（55）
	层积云（11）	成层状层积云 荚状层积云（29） 堡状层积云（33）	透光层积云 漏光层积云 蔽光层积云 复层积云（41） 波状层积云（35） 辐辏状层积云（39） 网状层积云（37）	悬球状层积云（49） 幡状层积云（51） 降水线迹层积云
	层云（13）	薄幕层云 碎层云	蔽光层云 透光层云 波状层云（35）	降水线迹层云
中云族	高积云（15）	成层状高积云 荚状高积云（29） 堡状高积云（33） 絮状高积云	透光高积云 漏光高积云 蔽光高积云 复高积云（41） 波状高积云（35） 辐辏状高积云（39） 网状高积云（37）	幡状高积云 悬球状高积云（49）

们还可以进一步被划分为可能的**种**或者**变种**。**附属云和附属特征**经常出现于特定的属附近。属一般用大写字母拼写。括号中的数字指的是相应页面。

云族	属	种 （只能是一种）	变 种 （可以是不止一种）	附属云和 附属特征
中云族	高层云（17）	（无）	透光高层云 蔽光高层云 复高层云（41） 波状高层云（35） 辐辏状高层云（39）	幡状高层云（51） 降水线迹高层云 破片状高层云（47） 悬球状高层云（49）
高云族	卷云（19）	毛卷云（31） 钩卷云 密卷云 堡状卷云（33） 絮状卷云	乱卷云 辐辏状卷云（39） 脊状卷云 复卷云（41）	悬球状卷云（49）
	卷积云（21）	成层状卷积云 荚状卷积云（29） 堡状卷积云（33） 絮状卷积云	波状卷积云（35） 网状卷积云（37）	幡状卷积云（51） 悬球状卷积云（49）
	卷层云（23）	毛卷层云（31） 薄幕卷层云	复卷层云（41） 波状卷层云（35）	（无）
多个云族	雨层云（25） （延伸到不止一个高度上）	（无）	（无）	降水线迹雨层云 幡状雨层云（51） 破片状雨层云（47）
	积雨云（27） （延伸到三个高度上）	秃积雨云 鬃积雨云	（无）	降水线迹积雨云 幡状积雨云（51） 破片状积雨云（47） 砧状积雨云（57） 悬球状积雨云（49） 幞状积雨云（43） 缟状积雨云（45） 弧状积雨云（53） 管状积雨云（55）

积云是好天气的象征，常常出现在阳光灿烂的日子。

□ 观测到积云　　　　　　　　　　分数：15 + 15　加到记分卡

日期：　　　　　　　　　　　时间：

地点：

天气条件：

□ 照片文件：

英国苏格兰霍伊岛上空，尤妮斯·克拉克（会员编号 14190）摄

集云分数：	典型高度：300—1500 米。
任意积云 .... 15 分 □	降水：除了浓积云会带来短暂降水外，其他积云不会带来降水。
集齐四个种类可获得加分（参见对页）：淡积云、中积云、浓积云、碎积云 .... 15 分 □	易混淆：层积云（第 11 页），高积云（第 15 页），积雨云（第 27 页）。

积云 CUMULUS

如果你没有看到过积云，那你真应该多出去走走。这种云是云彩收集中最容易集到的一种类型（这也正是它的集云分数那么低的原因）。积云呈棉絮状，云底平坦，总在晴朗的日子慢悠悠地从天上飘过。积云通常形成于天亮后的几个小时，往往在日落之前便会消散，这是因为积云形成于上升暖气流上——当地表空气被太阳加热之后会上升，形成我们看不见的气柱。

上图：浓积云云塔。下图：碎积云（尚未成形或已经消散）。

大多数的积云都不会生成雨或雪，所以它们被当作好天气的象征。但在**不稳定空气**中，积云明亮清晰的花椰菜形态会向上生长，所以它们的**云种**能从小小的淡积云发展成中积云，再发展成最大的积云形式——浓积云。有了不祥的暗黑云底之后，这种云就不再代表好天气了。浓积云会造成短时大雨，还会继续发展成为导致暴风雨到来的、凶猛的积雨云（第 27 页）。

相比之下，小片的积云只有长得像美国演员大卫·哈塞尔霍夫那样时才有点吓人。

积云云种：	□ **碎积云**：破碎状，边缘参差不齐。
□ **淡积云**：水平宽度大于垂直厚度。	积云变种：
□ **中积云**：垂直厚度和水平宽度相当。	□ **辐辏状积云**：整齐排列成"云街"（第 39 页）。
□ **浓积云**：垂直厚度大于水平宽度。	

不断变化且无所不在的层积云。

意大利马尔莫拉达峰·克劳迪娅·哈施（会员编号9596）摄

| ☐ 观测到层积云 | 分数：10 + 10 | 加到记分卡 |

日期： ....   时间： ....

地点： ....

天气条件： ....

☐ 照片文件： ....

集云分数：	典型高度：300—1400 米。
任意层积云............... 10 分 ☐	降水：偶尔带来小雨、雪或霰。
如果看到太阳光从云隙中照射下来，好似巨大的火炬光束（参见第85页），可获得加分 ...... 10 分 ☐	易混淆：积云（第9页），层云（第13页），高积云（第15页）。

层积云 STRATOCUMULUS

所有的云彩类型中，分布最广泛的是层积云，它是低低的一层或一团云，有着边界明晰的团块状底部。团块之间要么连在一起，要么存在缝隙。如果天空阴云密布，云底看上去很低，有着从白色到深灰色的色调，观云者就可以很自信地在集云记录表中加上层积云的记录。

上图：从高空看，天空中布满层积云。下图：一片较高的层积云。

高的层积云中有一个变种，**小云块**之间存在缝隙，这叫漏光云，这种云容易跟中云族中的高积云（第 15 页）混淆。但层积云通常形态不规则，且小云块更大（当层积云高于地平线 30 度以上时，你把胳膊伸直，三指并拢对着云彩，层积云的小云块宽度会大于你三根手指的宽度）。

由于层积云是阳光的终结者，它可能不是最受欢迎的云，但却是最多变的云彩之一。

层积云云种：	漏光层积云：云块之间有间隙。
□ **成层状层积云**：在天空中不是呈小块，而是铺展出一大片。	□ **蔽光层积云**：云体很厚，能把太阳或月亮完全遮住。
□ **荚状层积云**：比较平滑，形态像凸透镜（第 29 页）。	□ **复层层积云**：有不止一层，有时会有部分并合（第 41 页）。
□ **堡状层积云**：云层上部有炮塔状凸起（第 33 页）。	□ **波状层积云**：波浪状（第 35 页）。
层积云变种：	□ **辐辏状层积云**：云块排成一条条直线，汇聚于地平线上（第 39 页）。
□ **透光层积云**：云体非常薄，透过它能看到太阳或月亮的轮廓。	□ **网状层积云**：云层中包含大的孔洞，其边缘为云体（第 37 页）。

"我想取消我预订的顶楼餐厅，谢谢。"

☐ 观测到层云	分数： 15 + 20 加到记分卡

日期：.................................... 时间：....................................

地点：..

天气条件：...

☐ 照片文件：...

集云分数：	**典型高度：** 0—450 米。
任意层云 .... 15 分 ☐	**降水：** 只是偶尔下毛毛雨、小雪或雪粒。
当你从空中俯视层云并看到它的波状上表面时，可获得加分 .... 20 分 ☐	**易混淆：** 高层云（第 17 页），卷层云（第 23 页），雨层云（第 25 页）。

美国纽约上空，佐尔坦·法拉戈（会员编号 12528）摄

层云 STRATUS

层云是所有云彩种类中高度最低的一种，即便你在室外，层云也能给你一种奇怪的幽闭恐惧感。层云没什么特色，云层灰暗，云底距地面通常不高于 450 米。和同样没什么魅力的表亲

山腰上的碎层云。

高层云（第 17 页）相比，层云要低得多。层云有时候能遮挡住一些高层建筑的楼顶，使其变得模糊不清。如果像这样的云足够低，低到地表附近，就被称为雾或霭。由于雾有时候和空中的层云形成方式不一样，所以本书有单独的页面介绍雾（第 73 页）。

层云形成的途径之一是潮湿的空气吹过一片相对寒冷的表面，例如寒冷的海面或融雪覆盖的地面，空气冷却，形成层云。["平流雾"（参见第 73 页）的形成方式与此相同，只是风更温和一些]。层云形成的另一种途径是空气抬升的时候被冷却。这可能会发生在空气吹过山腰的低坡，或者暖空气慢慢越过一片冷（较致密）空气的时候。层云还有一种形成途径：当夜间形成的雾被不断变强的风搅动，从地面抬升到空中，也可以形成层云。

冰岛博隆加湾，米谢勒·格鲁伯（会员编号 11072）摄

层云云种：	层云变种：
☐ **薄幕层云**：云层呈灰色，没什么特色，这是目前层云最常见的形式。	☐ **蔽光层云**：很厚，能完全遮挡住太阳或月亮。
☐ **碎层云**：团块状或破片状，有时出现在山腰上。若形成于雨云下方的潮湿空气中，就被称作破片云（第 47 页）。	☐ **透光层云**：很薄，透过它能看到太阳或月亮的轮廓。
	☐ **波状层云**：云层表面呈波浪状。由于云层非常松散，这个变种很难被观测到（第 35 页）。

13

高积云：谁打翻了装棉球的罐子？

□ 观测到高积云　　　　　　　　分数：30 + 15 加到记分卡

日期：........................　时间：........................

地点：...

天气条件：...

□ 照片文件：...

南澳大利亚劳拉上空，蒂娜·穆尔（会员编号 7825）摄

集云分数：	典型高度：2000—6000 米。
任意高积云.............. 30 分 □	降水：无。极个别情况下，堡状高积云会带来小雨。
如果在日出或日落时，看到非常漂亮的高积云，可获得加分..........	易混淆：层积云（第 11 页），卷积云（第 21 页）。
.... 15 分 □	

高积云 ALTOCUMULUS

上图：波状高积云。下图：所谓的幞状云（第 51 页）好似水母触手。

　　这些云的典型形态是几层中云族云彩或许多成团的**小云块**，形成团块状或条状。它们呈现为白色或灰色，在背离太阳的一侧有阴影。通过这一特征，我们就能将高积云与没有阴影的卷积云（第 21 页）区分开来。另一个区分特征是小云块的尺寸。当高积云出现于地平线 30 度以上时，你把胳膊伸直，三指并拢对着云彩，高积云的大小约为一指宽到三指宽。

　　高积云的云种中，最与众不同的是荚状高积云，关于它的详细描述参见第 29 页。它看上去不像是一层小云块，而像是大个儿的、光滑的独立云体。

　　高积云多达四个云种和七个变种，它们能形成最引人注目、最美丽的云景，尤其是在太阳高度较低、光线低斜的时候。

上图：克罗地亚萨格勒布上空，托米斯拉夫·科尔达夫（会员编号 14196）摄
下图：美国俄勒冈州比弗顿上空，格雷格·蔡尔兹（会员编号 10823）摄

高积云云种：

□ **成层状高积云：** 在天空中蔓延开来，而不是形成小块状。

□ **荚状高积云：** 平滑、透镜形（第 29 页）。

□ **堡状高积云：** 云层上部有炮塔状凸起（第 33 页）。

□ **絮状高积云：** 小云块像积云，云底粗糙，通常伴有幞状云（第 51 页）出现。

高积云变种：

□ **透光高积云：** 很薄，透过它能够看到太阳或月亮的轮廓。

□ **漏光高积云：** 云块之间有间隙。

□ **蔽光高积云：** 云层很厚，能完全遮挡住太阳或月亮。

□ **复高积云：** 由不止一层高积云组成，有时云层之间会有部分并合（第 41 页）。

□ **波状高积云：** 波浪状（第 35 页）。

□ **辐辏状高积云：** 云块排成一条条直线，汇聚于地平线上（第 39 页）。

□ **网状高积云：** 云层有很大的孔洞，其边缘为云体（第 37 页）。

如果你观看高层云时能保持清醒，就可获得加分。

| ☐ 观测到高层云 | 分数： 15 + 10 加到记分卡 |

日期： .... 时间： ....

地点： ....

天气条件： ....

☐ 照片文件： ....

集云分数：	典型高度：2000—5000 米。云体越厚，云底越低。
任意高层云 .... 15 分 ☐	
如果你能说服任何一个人对这种云产生一点点兴趣，就可以获得加分。 .... 10 分 ☐	降水：能持续很久，但雨量很小。
	易混淆：层云（第 13 页），卷层云（第 23 页）。

英国林肯郡盖特伯顿上空，伊恩·洛克斯利（会员编号 1868）摄

高层云 ALTOSTRATUS

中云族
（云底高度 2000—7000 米）

相对于其近亲——丰富多变的高积云来说，高层云毫无生气、毫无特征，用专门的版面来介绍它似乎不太合适。很少有观云者会在收集到这种云之后击掌庆祝。毕竟，高层云通常被认为是所有云彩类型中最无聊的一

这些云条被称作波状辐辏状高层云。

种。不过，越是这么说，越使它显得值得关注。

高层云属于中云族，通常没什么特点，云层灰暗——就像天空蒙上了一层绵延几千平方英里的特百惠塑料。拜其灰暗的模样所赐，高层云会带来短时毛毛雨或小雪。一旦云层变得足够厚，厚到能产生更多的降水，通常就会发展成雨层云（第 25 页）。

形成高层云的最常见途径是高的卷层云（第 23 页）增厚，这发生在一大片暖空气撞上一片冷空气的时候。暖空气密度低，会轻轻地升到冷空气上面去。

高层云通常比层云（第 13 页）更暗，也从不会像卷层云那样产生大气**晕现象**。如果你能透过高层云看到太阳，那你会感觉像是隔着一层磨砂玻璃。

高层云没有什么不同的云种。	□ **复高层云：**包含不止一层高层云，只在斜阳照射下可见（第 41 页）。
高层云变种：	
□ **透光高层云：**很薄，透过云层能看到太阳或月亮的轮廓。	□ **波状高层云：**波浪状（第 35 页）。
□ **蔽光高层云：**很厚，能完全遮挡住太阳或月亮。	□ **辐辏状高层云：**一行一行向着地平线汇聚，这种形态偶尔出现（第 39 页）。

卷云是下落的冰晶产生的云条。这是其中带钩的那种，叫钩卷云。

苏格兰高地，科河谷上空，弗兰克·豪伊（会员编号 4613）摄

☐ 观测到卷云　　　　　　　分数：**20** + **15** 加到记分卡

日期：.. 时间：..

地点：..

天气条件：..

☐ 照片文件：..

集云分数：	典型高度：6000—12000 米。
任意卷云 .... 20 分 ☐	降水：不会到达地面。
如果看到卷云有与众不同的钩状形态（上图），也就是经典的钩卷云，可获得如分 .... 15 分 ☐	易混淆：能产生雨幡［即幡状云（第51页）］的高积云（第15页）。

卷云 CIRRUS

卷云是所有云彩类型中外形最优雅缥缈的，也是高度最高的——云体全部由冰晶组成。冰晶下落的时候穿过**对流层**上部高空中的风，形成精美的天空艺术绘画效果，这就是"幡"。卷云通常看上去像白色的头发（其拉丁名称正是来源于此）。

卷云增厚，在蓝天中逐渐铺开，是高空湿度增大的第一个信号，表明云彩的连续发展过程已经开始，这个过程将最终形成雨

上图：乱卷云扭曲的丝缕。下图：积雨云（第 27 页）消散后密卷云挂在空中。

层云（第 25 页），并将在一天左右的时间内产生降雨或降雪。

除了密卷云（参见下表）之外，卷云所有其他的种类都可以**折射**、反射太阳光，产生彩色的光弧和光环，也就是**晕现象**（参见第 93—99 页）。

卷云云种：	簇上挂着幡。
□ **毛卷云**：云体的细丝末端没有钩状或块状结构（第 31 页）。	卷云变种：
□ **钩卷云**：云幡的形状像钩子或逗号。	□ **乱卷云**：不规则的、纠缠的幡。
□ **密卷云**：云体很厚——有时就是消散的积雨云（第 27 页）的云砧。	□ **辐辏状卷云**：平行的云丝，方向通常与风向一致，最终汇聚到地平线上（第 39 页）。
□ **堡状卷云**：带炮塔状顶部（第 33 页）的团簇上挂着幡。	□ **脊状卷云**：丝状，看上去像带着脊柱的鱼骨头。
□ **絮状卷云**：相互分离的圆形团	□ **复卷云**：丝状或条状，不止一层（第 41 页）。

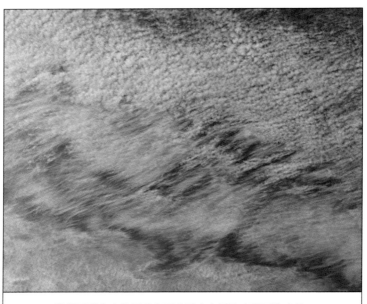

卷积云看上去像是跳伞运动员空中婚礼上撒下的米粒。

| ☐ 观测到卷积云 | 分数： 40 + 10 | 加到
记分卡 |

日期：...................................... 时间：......................................

地点：..

天气条件：..

☐ 照片文件：...

集云分数：	典型高度：7500—10500 米。
任意卷积云 .... 40 分 ☐	降水：不会到达地表。
如果卷积云在卷云（第 19 页）附近， 或在卷层云（第 23 页）团块的附近， 可获得加分，因为这几种云彩常常 在一起形成 .... 10 分 ☐	易混淆：很常见的中云族高积云 （第 15 页）中较大的小云块。

英国伯克郡斯特拉特菲尔德莫蒂默上空，斯蒂芬·伯特（会员编号 2814）摄

卷积云 CIRROCUMULUS （云底高度 5000—13500 米）

高云族

由于距离地面很远，卷积云呈现为很高的成块或成层的**小云块**。

卷积云常呈小块状出现，而不是在天空中铺开。

要区分卷积云和低一些的高积云（第 15 页），最好的方法是看小云块的尺寸，以及整个云层在天空中铺开的面积。卷积云的云朵距离地面如此遥远（通常是在大约 9500 米的高空），看上去很小，你得很仔细地看，才能看到云彩的纹理结构。就卷积云而言，如果它们高于地平线 30 度以上，当你伸直胳膊测量时，小云块的尺寸不大于你一根手指的宽度。

卷积云几乎全部由冰晶组成，实际上它是一种罕见且短暂的云。大多数情况下，你看到的一层小云块都属于高度低一些的水滴云——高积云。因此，卷积云是一个能赚分的好云，在主要的云彩类型中，它的分数最高。

英国伯克郡斯特拉特菲尔德莫蒂默上空，斯蒂芬·伯特（会员编号 2814）摄

卷积云云种：	□ **絮状卷积云**：小云块很像积云，云底粗糙，通常伴有幡状云（第 51 页）。
□ **成层状卷积云**：延伸到大面积的天空，而不是呈小块状。	卷积云变种：
□ **荚状卷积云**：很平滑，呈凸透镜形（第 29 页）。	□ **波状卷积云**：像波浪（第 35 页）。
□ **堡状卷积云**：小云块顶部呈炮塔状（第 33 页）——当然，你得借助双筒望远镜才能看到。	□ **网状卷积云**：云层中包含大的孔洞，其边缘为云体（第 37 页）。

卷层云由冰晶组成，就像这幅图所示，看上去可能呈现为纤维状。

美国得克萨斯州休斯顿，杰森·塔克（会员编号7413）摄

☐ 观测到卷层云	分数： 20 + 20 加到记分卡

日期： .... 时间： ....

地点： ....

天气条件： ....

☐ 照片文件： ....

集云分数：	典型高度：5000—9000米。
任意卷层云 .... 20分 ☐	降水：无。
如果一次看到卷层云产生不止一种晕现象（参见第93—97页），可获得加分 .... 20分 ☐	易混淆：更低更厚的层云（第13页），以及不会产生晕现象的高层云（第17页）。

卷层云 CIRROSTRATUS

卷层云是一种稀薄、朴素的云，很容易被人们忽视掉，只有热衷于集齐十种主要云彩类型的观云者才会注意到它。

卷层云是一层精致的冰晶，通常延伸开来，覆盖大面积的天空，看上去就像是在蓝蓝的天上铺了一层浅浅的乳白色。它有时呈现为条状或纤维状（这类云叫作毛状云），但大多数时候在色调上缺乏变化。

上图：能产生这样的晕，表明天空中的云是卷层云。下图：柔和的面纱。

在产生**晕现象**（参见第93—99页）的高云族中，卷层云是表现最为出色的。当阳光被微小的**冰晶折射**、反射，会产生一系列光弧、光环和光斑。这些现象并不是总会出现，但当它们出现时，会呈现出非常美丽的彩虹般的色彩。晕的存在是区分卷层云和高层云的一种准确方法，高层云更低，并且是由（至少一部分是由）水滴组成的，不会产生晕。

卷层云云种：	卷层云变种：
□ **毛卷层云**：由精致、平行的纤维状结构组成（第31页）。 □ **薄幕卷层云**：很平滑，色调没有什么变化。	□ **复卷层云**：在不同的高度上有不止一层，不同层之间很难区分，除非是不同的风把各个高度上的每一层云吹向不同方向（第41页），才能分辨出来。 □ **波状卷层云**：像波浪（第35页）。

拜雨层云所赐,海边的这一天十分美好。

☐ 观测到雨层云   分数:**10** + **5**   加到
记分卡

日期:......................   时间:....................

地点:..

天气条件:..

☐ 照片文件:......................................

英国约克郡惠特比,伊恩·洛克斯利(会员编号 1868)摄

集云分数:	典型高度:0—3000 米。
任意雨层云................10 分 ☐ 如若周末在海边度假,被雨层云淋湿,可获得加分(希望这样能让你感到好受些)................5 分 ☐	降水:必然。 易混淆:你如果正在云的下方,就有可能把它与层云(第 13 页)、高层云(第 17 页)、积雨云(第 27 页)相混淆。

雨层云 NIMBOSTRATUS

多个云族
（贯穿不止一个云层）

当人们抱怨云彩真无聊的时候，他们通常说的是雨层云。这种浓厚、灰暗、没什么纹理的雨云让别的云彩也背上了坏名声。它遮住太阳光线、让万物变得昏暗，还导致降雨，而且雨往往还下得那么大。

只有两类云是由于经常带来降雨或其他降水而被定义的，其中一类就是雨层云，另一类则是暴风雨到来时的积雨云（第27页）。这两种云都表现为让人感到不祥的昏暗天空，但可以通过降水形式的不同加以区分。积雨云的降水迅猛而短暂，雨层云的降水则相对持久，可以持续数小时。

雨层云的到来总是悄无声息，它通常是由高层云（第17页）变厚、下降而形成的。由于两者存在转化关系，辨别高层云和雨层云的方式显得有些学术化。然而，当云体阴暗、降水量中等或较大、模糊的云底出现颜色更深的碎层云——破片云（第47页）时，我们就可以确认收集到的是雨层云了。

但是，你并不能因收集到这种云而赢得额外分数，因为这种云的照片与那些漂亮的云比起来通常会逊色很多。

这些云也会导致降雪。

英国德比郡格洛瑟普上空，戴夫·利奇（会员编号12529）摄

雨层云的云种及变种：
雨层云缺乏纹理形状，因此没有什么不同的云种或变种。

积雨云是云彩之王，有时候会长到16000米高。

美国密苏里州堪萨斯上空，米克·奥尔伯格（会员编号14198）摄

| ☐ 观测到积雨云 | 分数：40 + 15 加到记分卡 |

日期： .... 时间： ....

地点： ....

天气条件： ....

☐ 照片文件： ....

集云分数：	**典型高度：** 云底高度约为600米，云顶可达13500米。
任意积雨云 .... 40分 ☐	**降水：** 暴雨，通常有冰雹。
当云彩之王带来了雷电，可获得加分 .... 15分 ☐	**易混淆：** 浓积云（第9页），雨层云（第25页）。

积雨云 CUMULONIMBUS

多个云族
（贯穿不止一个云层）

如果收集到的云彩里不包含大个头的云彩教父——积雨云，那你的云彩收集就是不完整的。这种巨大的暴风云通常有着铁砧状形态，可以单独形成，或与周围邻居共同形成**多单体风暴**或者**超级单体风暴**。

观云者应该已经注意到了，砧状形态只有从许多英里外的地方才能看到。它是由浓积云（第9页）发展而来，如果从液滴转化为冰晶，就会形成更柔软的边

上图：鬃积雨云发型糟糕的一天。下图：在云下方看到的景象。

缘，发展成积雨云。在积雨云下方，你会看到它黑暗、粗糙的云底，它是如此之低，看上去就好像覆盖了整个天空。把它和雨层云区分开的方法是看它们的降水形式（参见第25页），并且积雨云会带来打雷、闪电，还常带来冰雹。

积雨云还有一系列**附属云**和**附属特征**，例如砧状云（第57页）、悬球状云（第49页）、幞状云（第43页）、缟状云（第45页）、弧状云（参见第53页）和管状云（第55页）。

积雨云云种：
（只有在距离云彩许多英里的地方才能辨别出来。）

□ **秃积雨云**：顶部是柔软的丘状，而不是纤维状或条纹状（在拉丁语中意为"秃头"）。

□ **鬃积雨云**：由秃积雨云发展到成熟阶段，顶部扩展开来，形成我们熟悉的砧状形态，带着卷云似的纤维状或条状结构（在拉丁语中意为"多毛的"）。

积雨云没有变种。

上图：英国萨默塞特卡柯特村上空，罗恩·韦斯特马斯（会员编号4451）摄

下图：意大利卡米尼亚诺上空，伯纳多·赫德－史密斯（会员编号14192）摄

荚状高积云叠在一起，形成一堆盘子的样子。

| ☐ 观测到荚状云 | 分数：45 + 25 | 加到记分卡 |

日期：.. 时间：............................

地点：..

天气条件：..

☐ 照片文件：..

美国华盛顿州雷尼尔山上空，瑞安·弗韦斯特（会员编号 13523）摄

集云分数：

任意荚状云................ 45 分 ☐
较湿空气层和较干空气层交替出现，会形成一堆盘子似的荚状云，看到这种少有的云可获得加分.....
.... 25 分 ☐

此云种见于：层积云（第 11 页），高积云（第 15 页），卷积云（第 21 页）。

易混淆：幞状云（第 43 页），不同之处只在于幞状云是在积云上形成的，而不是在山上。

荚状云 LENTICULARIS

　　如果要评选"天空中最奇怪的云"，荚状云将是这一比赛的获胜者。它的名字来自拉丁语，意为"小扁豆"，因其非常独特的凸透镜状外形而得名。它们通常看起来像飞碟。这种云被命名的时候，大概还没人想出哪个拉丁语词汇的意思是"形状像 UFO（不明飞行物）"。

高空的荚状卷云（上图）和低一些的荚状层积云（下图）。

　　荚状云可见于低云族、中云族和高云族中，其中最引人注目的是中云族的荚状高积云。无论在怎样的高度上，它们通常都是由潮湿气流越过上升地形（例如小山丘或山峰）形成的。当这一区域的大气比较**稳定**，空气会向下发展出波状运动，无形之中上升，并在背风处下沉。如果爬升且被冷却的空气足够多，波峰位置就会出现荚状云。这些云不像大多数云那样随波逐流，而是会在最强的风中盘旋（只要空气速度保持恒定）。它们在气流中的位置相对固定，就像在急流当中位于巨石后面的那片稳定的水波。

　　当气流中的潮湿空气被干燥空气分成一层一层的，就可能会出现堆叠形态，也就是著名的"一堆盘子"（pile d'assiettes，法语，意为"该你洗碗了"）。

毛卷云延伸到很远的地方，也被称为辐辏状云。

| □ 观测到毛状云 | 分数：15 + 10 | 加到记分卡 |

日期：............................　时间：............................

地点：..

天气条件：..

□ 照片文件：..

集云分数：

任意毛状云.................... 15 分 □

如果看到毛发状的云丝被吹成了时髦的波浪外形，可获得加分........
.... 10 分 □

此种类见于：卷云（第 19 页），卷层云（第 23 页）。

易混淆：钩卷云和絮状卷云（参见对页和第 19 页）。

英国东安格利亚诺里奇上空，安德鲁·布卢梅尔（会员编号 12532）摄

毛状云 FIBRATUS

当高空的冰晶云——卷云（第19页）和卷层云（第23页）被风拉成长长的细丝，就被称为毛状云。云丝紧密排布，看上去像是被梳子梳过的头发。这种整齐的大气发型取决于高空持续不断的风。毛状云在卷云和卷层云的高度更常见，这是因为在**对流层**中越高的地方，平均风速越快，风受到地面的影响也越小。

卷云中其他一些种类也或多或少有平行的纤维状结构，例如絮状卷云和钩卷云（第19页），要把毛状云和它们区分开，主要看云条的末端。毛状云的纤维状结构不会像絮状卷云那样从蓬松的团簇向下弯，也不会像钩卷云那样从较厚的头部产生一个钩状、逗号状的形态。毛状云就只是简单的、细条状的高空云。

云彩就像是天空的表情，是大气情绪的指示标，但对毛状云来说情况有所不同。除了能表明高空有持续不断的风，它们几乎没有蕴藏关于天气的任何信息。

或许它们存在的意义就只是长得好看。

美国得克萨斯州圣安东尼奥上空，香农·D·穆尔（会员编号1477）摄

这是圣诞老人的胡须，还是毛状卷层云精美的细丝？

带有炮塔状顶部的堡状云中，最好看的是堡状高积云。

| ☐ 观测到堡状云 | 分数：25 + 20 加到记分卡 |

日期：...................................... 时间：......................................

地点：..

天气条件：..

☐ 照片文件：..

集云分数：	此种类见于：层积云（第 11 页），高积云（第 15 页），卷云（第 19 页），卷积云（第 21 页）。
任意堡状云............... 25 分 ☐ 在高积云的高度上看到一些堡状云之后，如果正确预测到了阵雨，可获得加分 .... 20 分 ☐	易混淆：絮状云，但絮状云的小云块没有炮塔状凸起。

英国德文郡斯塔特湾上空，西莉亚·沃伦（会员编号 10606）摄

堡状云 CASTELLANUS

如果云层向上发展出显著的炮塔状凸起，顶部不平整，就像锯齿一样，这种云就是所谓的堡状云，我们看到了堡状云的话，可以预测当天的晚些时候会有不稳定天气出现。

在三个**云族**的云彩中都能看到堡状云的炮塔状凸起，但其中最难辨别的是高云族的卷积云（第 21 页）和卷云（第 19 页）。这主要是因为云体距离我们很远，所以从地面看去它们显得非常小，要想看清楚云体上部的微小特征是一件很有挑战的事情。幸运的是，这些堡状云的例子，至少也能预示不稳定天气。

当低云族中的层积云（第 11 页）上部发展出花椰菜状凸起，且凸起的高度大于其宽度，它就可以被认为是堡状云。这些向上发展的炮塔状顶部有时会继续发展，成为会导致降水的浓积云（第 9 页），甚至还会发展成能带来暴风雨的积雨云（第 27 页）。

但是，中云族中的堡状高积云（第 15 页）的锯齿状凸起是最为突出的，也最能预示不稳定天气。蓬勃发展的炮塔形，表明中云族中的空气**不稳定**。任何积云一旦开始发展出上升的热气流，都将到达这一层，并继续蓬勃发展，很可能形成高高的、会带来暴风雨的积雨云。

这种空中堡垒似的云彩叫作堡状云。

法国布列塔尼马克桑上空，斯蒂芬·伯特（会员编号 2814）摄

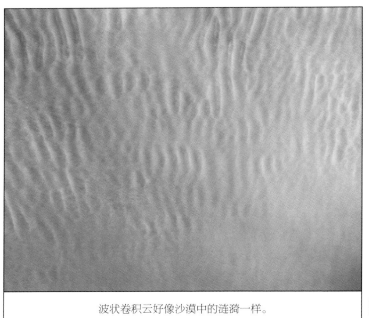

波状卷积云好像沙漠中的涟漪一样。

美国加利福尼亚州毕晓普上空，安德烈·柯克（会员编号 6333）摄

☐ 观测到波状云	分数：20 + 10 加到记分卡

日期：..................................... 时间：.....................................

地点：.....................................

天气条件：.....................................

☐ 照片文件：.....................................

集云分数：	此种类见于：层云（第 13 页），层积云（第 11 页），高积云（第 15 页），高层云（第 17 页），卷积云（第 21 页），卷层云（第 23 页），夜光云（第 79 页）。
任意波状云................... 20 分 ☐ 在不同云族的云彩中看到波状云产生纵横交错的效果（参见第 41 页的复云），可获得加分..... 10 分 ☐	

波状云 UNDULATUS

当云层的表面或**小云块**自身的排列发展出了波动起伏的外观，这就是云彩的一个变种——波状云。

一直以来，波和云都有着密不可分的关系。大气中气流的相互作用和地形对风的影响，可能导致大范围的气流波动。通常我们看不到这些波动，除非波动气流向上发展的部分发生冷却，形成水滴云或者冰晶云，但这些云在下落到波动气流的底部时非常薄，甚至是透明的。在这种情况下，波会在云层的表面出现，或者成为一个个云浪，并且之间隔有间隙。

当云层上方和下方的空气流速不一样，或流动方向不一样，通常会形成波状云。两种气流的切变效应使云彩中产生了波浪，这和沙滩上由水的运动所造成的波纹是一样的。

云彩中的波浪是很常见的，在十种主要云彩类型中，有六种都有波状云这个变种（参见对页）。它们的存在似乎在提醒我们，不要忘了我们周围的大气就像海洋中的海水一样多。

上图：波状高积云。下图：波状层积云。

上图：意大利托斯卡纳卡斯塔涅托－卡杜奇上空，卡特琳·普法伊费尔（会员编号 12533）摄

下图：澳大利亚北部地方巴克利台地上空，彼得·曼（会员编号 14193）摄

经由网状高积云的孔洞所看到的火山口般的景象。

英国伍斯特郡伍斯特上空，凯特·布鲁克斯（会员编号9962）摄

☐ 观测到网状云	分数： 40 + 35 加到记分卡

日期： .... 时间： ....

地点： ....

天气条件： ....

☐ 照片文件： ....

集云分数：	此种类见于：层积云（第 11 页），高积云（第 15 页），卷积云（第 21 页），夜光云（第 79 页）。
任意网状云.................. 40 分 ☐ 当你在不规则的层积云中看到非常罕见的网状云，可获得加分................................... 35 分 ☐	易混淆：雨幡洞云（第 69 页）。

网状云 LACUNOSUS

云的一个变种

网状云是一种很罕见且转瞬即逝的云彩，其定义是云体自身中间有缝隙，而不是云团之间有缝隙。当云层中或多或少包含一些规则的孔洞，孔洞的周围是云体构成的边缘，就像网子或粗糙的蜂窝一样，那就是网状云。

虽然网状云在三个**云族**的云彩中都会出现，但对任何一个观云者来说它都是一项大奖，因为它的存在时间非常短。所以，就像同样短暂的幞状云（第43页）一样，网状云也占有较高的集云分数。

从高的卷积云（上图）到低的层积云（下图），洞的尺寸是不一样的。

网状云的孔洞是由下沉的空气团形成的，随后空气团之间的那些空气上升，试图去填补下沉形成的空洞，结果在孔洞周围形成边缘。这种下沉通常发生在一层较冷的空气越过较暖的空气的时候。因为冷空气更加致密，所以它会穿过暖空气下沉。于是就会形成类似粗糙蜂窝的外观，就像你有时在一杯热茶表面所看到的那种花纹。由于茶的表面冷却收缩，它会穿过下方的热茶，成团下沉，然后中间就会冒出泡泡，取代原本成团的位置。也就是说，没有人能完全肯定为什么有时候冷空气下沉，形成网状云，而有时候热空气成团上升，形成以相反方式排列的、中间有缝隙的**小云块**（例如第14页那种情况）。

上图：英国诺福克郡诺里奇上空，安德鲁·布卢梅尔（会员编号12532）摄
下图：意大利蒙泰菲奥雷德拉索镇上空，马泰奥·科斯塔廖拉（会员编号2656）摄

这是"急流卷云",还是神奇的"红箭"飞行表演队产生的航迹云?

新西兰卡蒂卡蒂镇尤莱特拉牧场上空,已故的布赖恩·查德利摄(此图片经他的遗孀库什拉授权)

☐ 观测到辐辏状云   分数:35 + 30 加到记分卡

日期:......................   时间:......................

地点:..

天气条件:..

☐ 照片文件:..

集云分数:	此种类见于:积云(第9页),层积云(第11页),高积云(第15页),高层云(第17页),卷云(第19页)。
任意辐辏状云..............35分 ☐	
如果看到急流卷云(或者说辐辏状卷云)从地平线一端蔓延到另一端,可获得加分..........30分 ☐	易混淆:在某个云层高度上排列方向与风垂直的波状云(第35页)。

辐辏状云 RADIATUS

云的一个变种

当云层成卷或成块延伸到很远，一直到地平线上时，透视效应会使这些排成一条条线的云彩看上去像铁轨一样汇聚于一点。这种云是被称作辐辏状的变种，在三个**云族**的云彩中都能见到。

在某个云层高度上，平行的云条会顺着风向延伸出去。[当它们垂直于风，就会形成波状云（第 35 页），而不是辐辏状云。]

低云族中的辐辏状积云（第 9 页）叫作"云街"。形成这样的云会让滑翔机飞行员非常兴奋，因为这意味着飞行员可以沿着这条气流抬升的大道升得更高。

对于高空的冰晶云来说，最引人注目的辐辏状云来自急流——在**对流层**顶部，环绕地球中纬度地区的时速为 290 千米的狭窄风带。这些辐辏状卷云（第 19 页）被称作"急流卷云"（参见对页），它们可以被高空的风铺展出很远很远的距离。有时候，它们看上去就像是从地平线的一端一直延伸到另一端。透视效应使得云条很夸张地向上拱起，然后收敛于地平线两端的辐辏点处。这种辐辏状云的排列会让人印象深刻，会让云彩收集者很自豪，但事实上我们很难把这些云完整地拍摄下来，因为它们延伸的天区范围实在是太大了。

辐辏状积云也叫"云街"。

不同的风向揭示出这片毛卷层云中包含两层云彩。

苏格兰马里郡福哈伯斯上空，安妮·伯吉斯（会员编号 1481）摄

□ **观测到复云**   **分数**：25 + 15   加到记分卡

日期：...................   时间：...................

地点：...

天气条件：.....................................

□ 照片文件：...................................

集云分数： 任意复云 .... 25 分 □ 在持续时间很长的日出或日落过程中看到复高层云，可获得加分 .... 15 分 □	**此种类见于：** 层积云（第 11 页），高积云（第 15 页），高层云（第 17 页），卷云（第 19 页），卷层云（第 23 页）。 **易混淆：** 分属于不同云属的两层云，例如层云（第 13 页）与其上方的卷层云（第 23 页）。

复云 DUPLICATUS

云的一个变种

有些云彩的集云分数很高是因为它们很罕见，而有些云彩的分数高只是因为它们很难被确认。复云就属于后一种情况，其云层同时出现在两个高度上。

当低云族中的层积云（第11页）产生复云时，云彩的组分是水滴，而不是冰晶，较低的那一层通常很厚，会遮挡住较高的那一层。只有透过较低云层的间隙看到较高的云层时，才可能区分出这两层来。说实话，这样的低云并不令人兴奋。你可能会认为高积云（第15页）和高层云（第17页）的复云变种情况也类似，但是这些中云族的云彩更透明。所以当太阳在天空中非常低的时候，由于地球的阴影使两个云层中较低的那层变暗，较高的那层则沐浴在红宝石般的色调中，这样我们就看到了复云。事实上，复高积云可以产生最壮丽且持久的日落景象。

对于高云族的卷云（第19页）和卷层云（第23页）来说，如果它们碰巧有毛状云（第31页）的细丝，你就能迅速辨认出复云的两个云层来。不同高度上的风向不一样，因而每一层的毛状云会指向不同的方向。由于这些云是由冰晶组成的，所以通常呈现为半透明状，云层看上去像是只有一层，有着美丽的交叉图案。

太阳很低的时候，光影效果揭示出这片云是复高层云。

这种云被官方称为"梦幻"幞状云。（事实上没什么奇特，就是幞状云而已。）

阿联酋迪拜上空，桑德拉·马隆（会员编号 14202）摄

☐ 观测到幞状云　　　　　　　　分数：45 + 15　加到记分卡

日期：..................................... 时间：.....................................

地点：...

天气条件：...

☐ 照片文件：...

集云分数：	通常伴随：浓积云（第 9 页），积雨云（第 27 页）。
任意幞状云.................. 45 分 ☐ 如果在浓积云上方看到像唐纳德·特朗普发型的幞状云，可获得加分.................. 15 分 ☐	易混淆：荚状云（第 29 页），山帽云（第 59 页）。

幞状云 PILEUS

一种附属云

幞状云在所有**附属云**中最短命，也最为貌美。幞状云的形成机制与荚状云（第 29 页）以及山帽云（第 59 页）颇为相似，后两种云是**稳定气流**沿着上升地形爬升时形成的。然而，导致幞状云形成的并非地面上的高山，而是另一朵稍纵即逝的云。

幞状云是云彩特意梳出来遮秃的发型。

幞状云看起来很像一顶光滑的白色贝雷帽，或许也有点像唐纳德·特朗普梳的那种遮秃发型。幞状云是水平方向的帽子云，它在浓积云（第 9 页）蓬松的花椰菜状顶部，或是新形成的积雨云（第 27 页）较为柔和的顶部短暂出现。当巨大的**对流云**向上发展，遇到上层潮湿稳定的气流时，幞状云就形成了。下方云体中心的气流猛烈向上涌动，导致上层空气被抬升，从而温度降低，温度足够低的时候，一些湿气凝结成液滴。当气流再次沉降到对流云体下方时，幞状云也便消失不见了。

对于收集云彩的人来说，观察到幞状云可以加不少分。这是因为，不同于它的亲属缟状云（第 45 页），幞状云从不会在天空中长时间停留。观云者必须眼疾手快才能收集到一朵幞状云。猛烈的对流云会不可避免地继续向上发展，将光秃秃的顶部从幞状云中显露出来。唐纳德·特朗普的发型也终将面临这样的尴尬处境。

法国上阿尔卑斯省拉腊涅蒙泰格林上空，休·惠尔豪斯（会员编号 10655）摄

缟状云是浓积云前方平行于地平线的那条薄薄的云。

| ☐ 观测到缟状云 | 分数：15 + 10 _{加到记分卡} |

日期：............................. 时间：.............................

地点：..

天气条件：..

☐ 照片文件：..

集云分数：	通常伴随：一大片浓积云（第9页）
任意缟状云................ 15分 ☐	或积雨云（第27页）。
如果你看到对流云团消散之后缟状	易混淆：幞状云（第43页）。
云还飘在空中，可获得加分........	
.... 10分 ☐	

西班牙特鲁埃尔省上空，路易斯·安东尼奥·吉尔·佩林（会员编号14194）摄

缟状云 VELUM

一种附属云

缟状云是一种**附属云**，它在天空中的位置某种程度上和幞状云（第43页）一样。虽然二者的形成方式类似，但形态上却大相径庭。不幸的是，缟状云相对而言更缺乏魅力且索然无趣。

缟状云的英文单词来自拉丁语，意思是船帆。这个名字具有误导性，因为缟状云是薄薄的、水平的云片，而不是从高高的桅杆上挂起、能兜住风的那种样子。你能在一大片**对流云团**，例如浓积云（第9页）和积雨云（第27页）的上方或者周围看到缟状云。从远处观察，缟状云通常看起来像白色或灰色的长条，它们与对流云团分离开，或者混合在一起。

虽然较小的缟状云出现在单独的对流云团之上，但通常来说缟状云都分布在很大的一片区域中。如果对流云团向上发展之前，周围还没有云层出现，那么有时候积云顶部扩展开来，到达上方的**稳定空气层**中，也会发展出缟状云。随后，更多强大的积云会穿过稳定空气层，而缟状云还将在侧面游荡一段时间。

英国德文郡达特穆尔上空，杰夫·威廉姆斯（会员编号1935）摄

缟状云形成于稳定的云层中，会在对流云团消散之后还停留在空中。

这是一个穿着连帽衫的小孩，手里晃动着一杯波普甜酒吗？不，这只是潮湿空气中的破片云而已。

☐ 观测到破片云	分数: 10 + 10 <small>加到记分卡</small>

日期：.. 时间：..

地点：..

天气条件：...

☐ 照片文件：..

<table>
<tr><td>集云分数：

任意破片云................... 10 分 ☐
如果你对同伴预测说 5 分钟之内会下雨，应验了的话可获得加分......
.... 10 分 ☐</td><td>通常伴随：浓积云（第 9 页），积雨云（第 27 页），雨层云（第 25 页）。

易混淆：高层云（第 17 页）下方的碎积云（第 9 页）。</td></tr>
</table>

英国伯克郡莫蒂默科蒙上空，斯蒂芬·伯特（会员编号 2814）摄

破片云 PANNUS

一种附属云

如果你收集到了破片云，不要太过兴奋。当你看到破片云的时候，你很可能会感到不知所措，因为它们可不怎么好看。

破片云盘旋在雨云下方的饱和大气中，就像是云彩世界中的小流氓，在星期六的晚上坐在麦当劳外面消磨时间。云彩的这些黑色碎片，严格来说归类于碎层云（参见第13页），它们让天空笼罩着不祥的气息。由于所有的水分都从降水云下方穿过，所以这片大气会变得非常潮湿。只有最轻微的上升阵风才能使空气冷却，使其中的一些水分凝结成微小的水滴，以一缕缕薄云的形态徘徊于空中。

如果你看到可怕的天空下挂着一些深色的破片云，却没有下雨或下雪，那么你可以肯定的是，降水很快就会到来。在云彩世界中，破片云能够提供5分钟内降水的预警。

与成群在街头逗留的小流氓一样，破片云之所以看上去不祥，很大程度上跟它们的环境有关。云彩的破片只要足够厚，就能阻挡住一些光，于是我们看到的这些云彩就比上方厚厚的暗色雨云更暗。如果不看它们所处的险峻环境，破片云就只是纤弱的几缕小云彩。这就像青春期前的14岁少年，他们一旦从群体中抽离，脱掉连帽衫，就不过是小小少年。

看上去不祥的天空总是会被破片云弄得更加不祥。

正如其云砧底面所展示的那样，这朵积雨云需要挤奶了。

加拿大马尼托巴省哈米欧塔上空，诺温·塞尔摄

☐ 观测到悬球状云　　　　　　　分数：30 + 25 加到记分卡

日期：...　时间：...

地点：...

天气条件：...

☐ 照片文件：...

集云分数：	通常伴随：层积云（第 11 页），高
任意悬球状云 .... 30 分 ☐	积云（第 15 页），高层云（第 17
如果你在足够远的地方看到积雨云	页），卷云（第 19 页），卷积云（第
（第 27、57 页）云砧底部有悬球状	21 页），积雨云（第 27 页），航迹
云，可获得加分 .... 25 分 ☐	云（第 63 页），火积云（第 65 页）。

悬球状云 MAMMA

一种附属特征

"那究竟是什么？"当人们看到悬球状云的照片时，通常都会是这种反应。悬球状云也叫乳状云，这些**附属特征**从云层平滑或粗糙的底部悬吊下来，看上去就像是牛羊的乳房（"mamma"在拉丁语中的意思就是乳房）。

有着这种超凡脱俗、如独立日般壮丽的景观，悬球状云对于任何一位云彩收集者来说都是必集的种类。悬球状云可见于各种类型的云彩中（参见对页），但最引人注目的例子是位于砧状云（第57页）的底部，云砧在暴风雨到来时的积雨云（第27页）顶部铺开，并可以覆盖住整片天空。

有人说悬球状云是暴风雨天气的预兆，看看这些悬吊的云球和积雨云，你可能认为这种说法很有道理。但实际上悬球状云更容易形成于暴风雨之后，而不是之前。一旦你在天空中看到悬球状云，通常说明暴风雨已经过去了，或者是已经掠过了你所在的那片地儿。

悬球状云的每个球，典型直径大约是1—3千米，出现时间持续10分钟左右。关于悬球状云的形成有很多种理论，但2006年的一份科学研究综述表明，目前我们还无法给出定论。

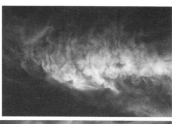

悬球状云很难在卷云中见到（右图），在积雨云的云砧底部就很容易见到（下图）。

右图：威尔士安格尔西岛博德登上空，约翰·罗斯兹（会员编号9641）摄
下图：美国明尼苏达州埃克塞尔西奥上空，丽莎·C·布莱思（会员编号14200）摄

幡状云是雨或雪在到达地面之前蒸发形成的。

法国安德尔省沙托鲁上空，于尔根·奥斯特（会员编号 12530）摄

☐ 观测到幡状云	分数：25 + 15 加到记分卡

日期：........................   时间：........................

地点：...

天气条件：...

☐ 照片文件：...

| 集云分数：

任意幡状云.................. 25 分 ☐
当看到幡状云遇到突然变化的风并
发展出陡峭的转角，可获得加分...
.... 15 分 ☐ | **通常伴随：** 积云（第 9 页），层积云（第 11 页），高积云（第 15 页），高层云（第 17 页），卷积云（第 21 页），雨层云（第 25 页）。
易混淆： 卷云（第 19 页）。 |

幡状云 VIRGA

一种附属特征

如果你抬头仰望时看到上方有水母飘过，要么是你在潜水，要么是你看到了一种云彩的**附属特征**——也就是所谓的幡状云。

本质上，幡状云是正在降雨或降雪的云，但和能产生降水的云相比，它有一个重要的不同点：幡状云的降水并未到达地面。如果液滴或冰晶（或介于两者之间的东西）穿过足够温暖和 / 或足够干燥的大气，它们在落到地面之前就蒸发掉了。

从地面上看，幡状云的外观是带着拖尾的，就像触须一样悬在云块下方，但它们不在大海中游动，而是在低层大气中飘浮。当幡状云出现在低云族的云彩中时，它们由水滴组成，看上去呈灰色。当它们由冰晶组成，从中云族或高云族的云彩中掉落，看上去颜色会更白。但要小心：这个区别微不足道，因为我们的眼睛会根据背景的亮度来判断颜色和色调。同一条幡状云拖尾，会由于背景天空的亮度不同而显得更白或更灰。雨幡洞云（第 69 页）就是幡状云的一种特殊情况，云层中的**过冷液滴**降落，会在云中留下一个洞。

如果我们看到云彩产生的降水能一直到达地面，那这就不是幡状云了，而是"降水线迹云"。

当风速因高度而产生非常大的变化，幡状云会倾斜（右图）或者有陡峭的转角（下图）。

对于高速行进的风暴云来说，弧状云就像是它的前保险杠。

| ☐ 观测到弧状云 | 分数： 30 + 25 加到记分卡 |

日期： .... 时间： ....

地点： ....

天气条件： ....

☐ 照片文件： ....

集云分数：	通常伴随：大的浓积云（第9页），积雨云（第27页），以及多单体风暴或超级单体风暴。
任意弧状云 .... 30 分 ☐ 如果看到清晰的架状结构，也就是所谓的滩云，可获得加分 .... 25 分 ☐	易混淆：风暴后端上升气流中的"云墙"。

美国威斯康星州皮沃基上空，南希·沃尔克（会员编号 14205）摄

弧状云 ARCUS

一种附属特征

　　风暴追逐者会在他们的云彩收集册中集到大量的弧状云，因为这种**附属特征**就像是暴风雨到来时云彩的前保险杠——又长又黑，沿着云彩前边（牌照附近的位置）的云底延伸出去，呈水平卷轴状或架状。所以，如果有暴风雨要来了，弧状云是首先到来的特征。

　　像其他那些暴力云种群，例如管状云（第 55 页）和砧状云（第 57 页）一样，弧状云只出现在很大的浓积云（第 9 页）、积雨云（第 27 页）或所有云彩系统中最粗暴的云（凶猛的**多单体风暴**和**超级单体风暴**）周围。当冷空气被风暴云中的降水形式向下拖拽，它在到达地面之前会铺展开，形成弧状云。由于弧状云分散在风暴周围，它们会钻到地面上比较暖和的、密度较低的空气下方。这会在云彩运动的方向上产生最强有力的抬升，形成"阵风锋面"，在其中，暖空气的水分足以凝结成液滴，形成弧状云。

　　有时候，风暴的前方会伸出黑色的、不规则的架状部分，这就是所谓的滩云。更加罕见的一种情况是，抬升运动会引起上升和下降的空气在风暴前方比赛，产生波浪，弧状云就会呈现为滚轴云的形态，随着自身运动而在波浪中旋转（第 67 页）。

右图：意大利热那亚上空，阿尔贝托·帕雷托（会员编号 10595）摄

下图：美国怀俄明州大蒂顿国家公园上空，阿兰·拉索（会员编号 3233）摄

右图：弧状云。下图：弧状云水平延伸出去，被称作滩云。

当管状云下方与宽阔的水域相接，就会形成水龙卷（龙吸水）。

□ 观测到管状云	分数：35 + 25 加到记分卡

日期： .... 时间： ....

地点： ....

天气条件： ....

□ 照片文件： ....

土耳其伊杰克姆上空，雷托·普菲斯特（会员编号 12535）摄

集云分数： 任意管状云.................... 35 分 □ 如果看到气旋非常猛烈、管状云一直延伸到地面，可获得加分........ .... 25 分 □	**通常伴随：** 单个的浓积云（第 9 页）和积雨云（第 27 页），但在巨大的多单体风暴和超级单体风暴系统中最为突出。

管状云 TUBA

风暴云下方的大气常常是由混乱、猛烈、一点也不稳定的阵风混合而成的。但当风暴从单独的积雨云（第27页）发展成组合系统，也就是所谓的**多单体风暴**或**超级单体风暴**时，气流的混战就会变得更加有条理。这种时候就会形成管状云。

大气中形成的管状云就像从风暴底部向下伸出的一根手指，它会将空气向上吸附到云彩中，保持云彩旺盛的纵向生长。这情景就好像一只上下颠倒的浴缸，里面的水从放水孔流出，上升的空气会开始形成涡旋。在一个大的风暴单元中，快速上升的空气膨胀并冷却，其中部分水分会凝结形成管状云墙。管状云也被称为"漏斗云"，它也会是龙卷风的胚胎。

如果大气并没有上升，而是从浓积云（第9页）、积雨云之类的单独云体的底部下沉，也能形成管状云。这些下沉的空气被大阵雨拖向地面，会引起涡旋的形成。这种情况不像上升的空气那么猛烈，所以形成的管状云不太明显。它们预示的不是龙卷风，而是不那么凶猛的陆龙卷或水龙卷。

无论管状云预示着什么，当你在收集云彩的过程中遇到它时，记得保持距离，免得万一管状云想在自己的飞行碎屑收集物中增加一枚观云者。

云手指的第一个试探性信号。

美国得克萨斯州奥斯汀上空，金尼·鲍威尔（会员编号 10927）摄

这并不是得克萨斯州奥斯汀上空的末日战争，只是积雨云的砧状结构而已。

☐ 观测到砧状云	分数：20 + 15 加到记分卡

日期： .... 时间： ....

地点： ....

天气条件： ....

☐ 照片文件： ....

集云分数：	通常伴随：积雨云（第 27 页）。
任意砧状云 .... 20 分 ☐ 当冰晶组成的这种顶篷有肋状或条纹状外观时，可获得加分 .... 15 分 ☐	易混淆：核爆炸之后形成的蘑菇云。

砧状云 INCUS

一种附属特征

砧状云是积雨云（第 27 页）的一部分。事实上，它是暴风雨到来前云彩最典型的特征：冰晶在云的顶部形成巨大的顶篷。砧状云通常绵延数百平方英里，它比云彩的任何其他**附属特征**都要大得多，给成熟的风暴云赋予了与众不同的铁砧形状。

云彩为什么会形成砧状？一旦云彩开始从浓积云的云塔（参见第 9 页）向上生长，随着液滴冻成冰晶，它的顶部就变得柔和了，然后开始向各个方向铺开。当巨大的风暴云遇到气象学家所说的**逆温**，其纵向生长受阻，便不得不铺展开来。

在低层大气中，高度越高，空气就越冷。但这只是平均来说的情况。通常，当较暖的空气吹过较冷的空气顶部时，会发生逆温情况。云层在生长过程中好像突然遇到了一个看不见的天花板，常规温度曲线在这里发生逆转。于是云中较暖的空气不再暖和，密度也比周围的空气低，所以停止了向上流动。温度发生逆转、使积雨云顶部铺展成砧状的地方，就是**对流层**与**平流层**的交界处，也就是**对流层顶**，这里的大气温度不再随着海拔升高而降低，甚至开始随着海拔升高而升高。

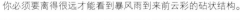

你必须要离得很远才能看到暴风雨到来前云彩的砧状结构。

山帽云被有些人看作是粉色绒球帽子云。

日本北海道羊蹄山上空，迈克尔·达文波特（会员编号14217）摄

☐ 观测到山帽云或旗云　　　　　分数：30 + 20 加到记分卡

日期：..................................... 时间：.....................................

地点：...

天气条件：...

☐ 照片文件：...

集云分数：	典型高度：在山顶周围或上方。
山帽云或旗云.............. 30 分 ☐	降水：山帽云可带来降水（但很少见）。
如果看到好多层的山帽云（如上图）或旗云有湍流涡旋（对页上图），可获得加分 .... 20 分 ☐	易混淆：幞状云（第 43 页），层云（第 13 页）或层积云（第 11 页）。

山帽云和旗云 CAP & BANNER

其他的云

虽然山帽云和旗云的形成方式稍有不同，但它们共同的特点是都悬在山顶周围。

当山帽云形成之后，它看上去很容易让人觉得像停留在山头上的帽子。有时它看上去像一顶小瓜皮帽，有时它铺展得很大，像婚礼上婆婆戴的帽子[1]。偶尔有时候，一座山的头上好像叠戴着两顶帽子，当然，真要这样的话，那就是这座山失礼了。不论是哪种情况，山帽云形成于**稳定气流**上升越过一座山峰时，翻越

上图：旗云。下图：这朵山帽云像婚礼上婆婆戴的帽子。

过程中气流遇冷形成云。它是荚状云这个种类（第 29 页）中的特例，只是山帽云位于山顶上，而不是下风处。

旗云形成于和山帽云类似的位置，但看上去更像是山峰正让自己的头发随风飘起，而且旗云的形成方式也和山帽云有点不同。当猛烈的风吹过显著的山峰，气压会在山峰的后面稍有下降。这足以使空气冷却，简单地凝结成液滴或者冰晶。

观云者当心不要收集错了——诸如层云（第 13 页）或层积云（第 11 页）之类的云爬到了山上可不算。只有时髦的山帽云或山的头发状旗云才能获得集云分数。

上图：瑞士艾格尔山上空·鲍勃·彼得森（会员编号 12047）摄
下图：美国华盛顿州雷尼尔山上空·瑞安·弗韦斯特（会员编号 13523）摄

[1] 英国人注重帽子文化，不同场合佩戴的帽子也不一样，户外婚礼上婆婆的帽子要有帽檐和装饰且材质上乘。——译注

厚厚的卷云中有开尔文-亥姆霍兹波,这是平静海面上的巨大破碎波。

☐ 观测到开尔文-亥姆霍兹波	分数: 55 + 30 加到记分卡

日期: .... 时间: ....

地点: ....

天气条件: ....

☐ 照片文件: ....

集云分数:

任意开尔文-亥姆霍兹波 ....
.... 55 分 ☐
当开尔文-亥姆霍兹波是沿着荚状云(第 29 页)顶部出现,可获得加分 .... 30 分 ☐

典型高度: 从地面高度(雾中)到 12000 米。

降水: 影响不显著。

易混淆: 波状云(第 35 页)中并非破碎波的规则波浪。

澳大利亚新南威尔士州杰维斯贝上空,吉赛尔·格洛伊(会员编号 12807)摄

开尔文-亥姆霍兹波 KELVIN-HELMHOLTZ

开尔文-亥姆霍兹波在所有云彩中占据着最高分。它看上去就像岸边破碎的巨大海浪，既罕见又转瞬即逝，是云彩冲浪员的最爱。轮廓分明的开尔文-亥姆霍兹波，在云彩收集界就好比皇冠上的明珠，它要求观云者对天空有鹰眼般的觉察力和纯粹的大运。如果一个观云者能够独自收集到这种云，便能让他战胜厉害的竞争对手。

开尔文-亥姆霍兹波在三个**云族**的云彩中都会出现，可以被看作是波状云这个变种（第35页）的极其特殊的实例，在层积云（第11页）、高积云（第15页）或者卷云（第19页）中容易见到。也有些时候，能在雾（第73页）的顶部边缘上看到它。在所有这些情况下，开尔文-亥姆霍兹波的持续时间都不会超过一两分钟。

这种独特的破碎波般的外观是由风切变引起的。当云在下方较冷空气层和上方较暖空气层之间突出的边界处开始发展，并且上层空气层比下层移动得快，就会沿着云的表面形成波状云。如果有足够的切变，这些波状云就能卷曲起来，形成一连串涡旋。它们可能看上去像冲浪运动员的理想天堂，但事实上其机制与浅水处的破碎的海浪完全不是一回事。

右图：美国科罗拉多州莫纽门特上空，特里·鲁滨逊（会员编号7664）摄

下图：比利时根特上空，弗里茨·奎滕布罗维尔（会员编号13684）摄

破波会出现在卷云（右图）和层积云（下图）中。

对于想给历史剧拍外景的人来说，飞机航迹的存在真是噩梦。

☐ 观测到航迹云	分数： 10 + 10 加到记分卡

日期： .... 时间： ....

地点： ....

天气条件： ....

☐ 照片文件： ....

集云分数：	**典型高度：** 8500—12000 米。
任意航迹云 .... 10 分 ☐ 当飞机在已经存在的云层中切出一 道口子，形成航迹云，看到这种情 况可获得加分 .... 10 分 ☐	**降水：** 无。 **易混淆：** 这种云很直，不太可能与 其他云混淆。

英国伯克郡斯劳上空，戴维·安塞尔（会员编号 6965）摄

航迹云 CONTRAILS

在第一次世界大战以及高空飞行出现之前，我们的天空看上去和如今完全不同，那时没有飞机尾气形成的凝结尾迹，或者说航迹云。

这些人造云不容易与天然的云彩混淆。航迹云沿着飞机的飞行路径，在蓝色天空中画出白色长斜线。但在机场附近，它们有时会形成大环线，这是飞机相继等待着陆形成的。

航迹云在天空中的持续时间，或者它们能否形成，很大程度上与巡航高度的大气条件密切相关。当大气足够冷也足够潮湿，飞机热废气中所含的**水蒸气**与非常冷的空气混合并凝结会形成冰晶。在某些情况下，这些冰晶将迅速蒸发。也有些时候，它们可以持续数小时，冰晶吸收来自周围空气的水蒸气之后长大，并在大风中散开。通过这样的方式，航迹云通常会促成卷云（第 19 页）、卷积云（第 21 页）和卷层云（第 23 页）这些冰晶云的形成。

如果收集到耗散尾迹，可以获得加分。与航迹云相反，耗散尾迹是飞机穿过云层时在云中切出的一道缝。这种情况发生于发动机的热和湍流使云滴蒸发的时候，或者发动机排放**冰核**的时候——冰核会促使云的**过冷液滴**冷冻并下落。

耗散尾迹，英文简写为"distrail"。

人造火积云也被称为"烟云"。

☐ 观测到火积云　　　　　　　　分数：10 + 5　加到记分卡

日期：......................................　时间：......................................

地点：...

天气条件：...

☐ 照片文件：...

集云分数：	**典型高度**：0—1500 米。
任意火积云.................. 10 分 ☐	**降水**：如果云彩在火山或森林火灾上空生长得很大，可能会引起降雨。
当火积云非常强劲，最终导致雷电，可获得加分.............. 5 分 ☐	**易混淆**：并未形成云彩的烟或火山灰。

火积云 PYROCUMULUS

当发生森林火灾时，上升的空气柱会形成云彩，它们被称为火积云。当周围有充足的水分时，任何足够热的东西都可能产生**对流气流**，形成云彩。猛烈的森林火灾和大规模的火山爆发都足以产生带有闪电或管状云特征（第55页）的火积云，最终导致陆龙卷或水龙卷。火积云也会在发电站塔上方形成，有时它们被称作"烟云"。这是不多见的人造云之一——另一种人造云是航迹云（第63页）。

森林火灾、火山和发电站为这些云彩的形成提供了所需的热量，而且还向空气排放了无数的微粒作为**凝结核**，也正是有了这些核才能形成云彩所需的云滴。这意味着火积云的云滴往往很小且很多，所以使云彩显得很厚——特别是当云滴与灰尘或烟雾混合时。

森林火灾的烟雾可能会有淡红色，而火积云的云彩有可能呈现为深灰色（右图）或亮白色（下图）。

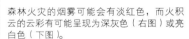

滚轴云中的王者是澳大利亚的"阵晨风云"。

澳大利亚北昆士兰萨凡纳海湾海岸上空。加文·普雷特-平尼（会员编号：1）摄

□ 观测到滚轴云	分数：30 + 10 加到记分卡

日期：......................... 时间：.........................

地点：...

天气条件：...

□ 照片文件：..

| 集云分数：
任意滚轴云.................. 30 分 □
当滚轴云从你头顶上方越过，你停
下正在做的事驻足观看，可获得加
分 .... 10 分 □ | **典型高度**：300—1500 米。
降水：本身没有，但可能伴随暴风雨。
易混淆：附属于风暴云的其他形式的弧状云（第 53 页）。 |

滚轴云 ROLL CLOUD

　　这种云呈现为又长又低的管子形，它可以从地平线一端延伸到另一端。有时候，滚轴云具有非常光滑的、丝绸般的表面。也有些时候，它可能会显得相当粗糙、崎岖不平。滚轴云的移动时速可以高达 56 千米，管子般的云体随其滚动而出现旋转。滚轴云的旋转方向和地面上滚动的固体管子不同。事实上，滚轴云旋转的方向与其运动方向相反——云的表面在前面抬起并在后面落下。

　　有一种著名的滚轴云叫作"阵晨风云"，它出现在澳大利亚北昆士兰。它形成于一个孤立空气波中，是由约克角半岛对撞的海风造成的。但大多数滚轴云属于弧状云（第 53 页），并且是由风暴引起的。随着风暴的消散，冷空气的阵风可以继续向前扩散，并形成一卷与风暴其他部分分离的云层。

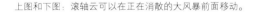

上图和下图：滚轴云可以在正在消散的大风暴前面移动。

一旦有些液滴冻住，它们就会夺取其他液滴的水分，并开始下落。

□ 观测到雨幡洞云	分数：35 + 15 加到记分卡

日期：........................ 时间：........................

地点：..

天气条件：...

□ 照片文件：...

美国佛罗里达州杰伊上空，维基·哈里森（会员编号 10419）摄

集云分数：

任意雨幡洞云................ 35 分 □

如果看到太阳照过冰晶拖尾，产生虹彩色（第 81 页），可获得加分......

.... 15 分 □

典型高度：2000—6000 米。

降水：冰晶会在到达地面之前就蒸发掉。

易混淆：卷云（第 19 页）。

雨幡洞云 FALLSTREAK HOLE

雨幡洞云看起来很奇怪，但实际上并不罕见。它们也被称为"穿孔云"，是中云族或高云族云层中脆弱的裂口，其下方悬吊着冰晶拖尾。

要形成一个雨幡洞云，云层必须由**过冷液滴**组成——尽管云层的温度低于 0 摄氏度，其中的水仍然是液态的。实际上这种情况很常见，因为悬浮在空气中的纯水液滴与冰箱中的自来水很不一样。如果大气中没有足够的微粒作为**冰核**，液滴无法附着于其上发生冻结，那么液滴就会维持液态，直到温度降至零下 40 摄氏度左右。它们"想要"冻结，但是也得有能使晶体生长的"种子"才行。

当云中的一片区域最终开始冷冻并开始连锁反应时，就会形成一个雨幡洞云。来自该区域过冷液滴的所有水分都会聚集到一起，形成冰晶，冰晶又迅速增长到足以下落的大小。作为幡状云（第 51 页）的一种，冰晶的拖尾并不会到达地面，而是在到达地面之前就蒸发掉了。

那么，是什么启动了冻结过程？有时候是较高的卷云（第 19 页）里的冰晶落到了云滴中。也有的时候，是由一架飞机在云层中上升或下降、形成"耗散尾迹"（参见第 63 页）所造成的。飞机尾气中的颗粒充当了启动冻结过程的冰核。

这个雪茄形的雨幡洞云是由飞机爬升穿过云层产生的。

英国剑桥郡达克斯福德上空，雷切尔·萨默斯（会员编号 9882）摄

这是一个上下颠倒的马蹄，有人认为它不吉利，但观云者可不这么认为。

| ☐ 观测到马蹄涡 | 分数：50 + 20 加到记分卡 |

日期：.................................. 时间：........................

地点：...

天气条件：...

☐ 照片文件：...

集云分数：

任意马蹄涡.................. 50 分 ☐
如果能尽量拍到照片，就能看出风
是怎么使它旋转的，这样可获得加
分 .... 20 分 ☐

典型高度： 600—1500 米。

降水： 这一小片云不会造成降水，但它经常形成于大的风暴云附近。

易混淆： 没有什么能与它混淆！

马蹄涡 HORSESHOE VORTEX

马蹄涡真是一缕非常微妙的小云彩！除了那些特意想要收集马蹄涡且眼光锐利的观云者，其他人很容易错过这种云。马蹄涡很稀有、很短暂，只持续大约1分钟就蒸发掉了。如果运气好，看到了马蹄涡，一定要记得拍照，这样才能让收集云彩的朋友们更为信服。

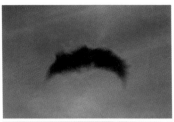

马蹄涡形成于旋转气流（或称涡旋）区域中。虽然涡旋的常见方向是垂直的（参见第55页的管状云），但它偶尔也会在水

如果是法国人给它命名的话，那么这种云应该叫"羊角面包云"。

平轴上发展。这种时候就能形成马蹄涡那种轻微旋转的新月状形态。这种水平涡旋由向上运动的小尺度气流形成，上升的气流遇到上方水平风向的突然变化就产生了旋转。很少有云在涡旋中出现，但如果涡旋上弧处的大气充分冷却，就会发展出旋转的月牙形云彩。找到马蹄涡的最佳场所之一是**超级单体风暴**附近。为风暴的生长提供动力的风，可能会导致正好合适的切变气流。

这种好看的小云彩恐怕不会带来任何降水，但是如果有人看到它下雨，那他真是够幸运的，而且还能因此获得很高的集云分数。

漫长且寒冷潮湿的夜晚，无云的天空下形成了辐射雾。

英国林肯郡林肯上空，内森·费尔韦瑟（会员编号 1319）摄

☐ 观测到雾或霭　　　　　　　**分数：** 15 ＋ 5　加到记分卡

日期：..................................... 时间：.....................................

地点：...

天气条件：..

☐ 照片文件：..

集云分数：	**典型高度：** 地面或海平面。
任意雾或霭..................... 15 分 ☐ 如果看到雾中阳光投下的影子形成 曙暮光条（第85页），可获得加分 .... 5 分 ☐	**降水：** 当液滴遇到固体表面，"雾滴"会变得潮湿。 **易混淆：** 如果你是一名飞行员，就有可能将其与空中的云弄混。

雾和霭 FOG & MIST

雾和霭的区别主要在于能见度不同。通常来说，在霭中的能见度为1—2千米，但在雾中的能见度不超过1千米——雾只是霭的加厚版。所有云彩种类中最低的一种是层云（第13页），雾有时候会被认为是地面的层云，但实际上它们的形成方式截然不同。

当空气在接近地表或水面时，如果充分冷却，水汽凝结成液滴，就会出现雾。冷却可能发生的方式主要有两种。

"辐射雾"形成于漫长、寒冷的晴夜。没有了云层这张保暖的毯子，地面会迅速地将一天的热力辐射到夜空中，这会使空气充分冷却，形成液滴。在较高的地面上，寒冷的雾气会下沉，聚集成"谷雾"。

当空气从一个较暖的表面吹过一个较冷的表面时，空气会发生冷却，形成"平流雾"。如果这些表面是海面的话，就被称为"海雾"。还有一种"蒸汽雾"——当寒冷的空气吹过诸如湖泊之类的较暖水面时，蒸发的**水蒸气**会瞬间冷却，形成液滴。

这还没有完。还有"上坡雾"、"山雾"、"冰雾"（参见第75页）、"哈雾"和"锋面雾"。无论是哪种雾，对于观云者来说，没有什么比置身于雾或霭中更加接近云彩了。

左图：英国汉普郡新森林上空，保罗·亨特（会员编号12309）摄

右图：英国德文郡埃克塞特附近的埃克斯谷上空，马特·克拉克（会员编号14171）摄

左图：蒸汽雾能在湖面上形成。　　　　右图：从山坡上可以看到谷雾。

当太阳光照射在钻石尘上，会产生晕现象。

奥地利萨尔巴赫上空，托马斯·多斯勒（会员编号 8188）摄

☐ 观测到钻石尘	分数：30 + 15 加到记分卡

日期：.................................. 时间：..................................

地点：..

天气条件：..

☐ 照片文件：..

集云分数：	**典型高度**：地面。
任意钻石尘 .... 30 分 ☐ 如果看到钻石尘散射太阳光形成晕 现象（参见第 93—99 页），可获得 加分 .... 15 分 ☐	**降水**：微小的冰晶通常太少了，不足以聚集成降水落到地面。 **易混淆**：精灵魔法粉。

钻石尘 DIAMOND DUST

钻石尘在阳光下闪闪发光，这景象令人十分难忘。它是一种由冰晶组成的雾，由于雾本身不够厚，所以也不会降低能见度，只有当晶体从空中闪烁着光芒轻轻飘落时，我们才能注意到它。

钻石尘有时也被称为"冰雾"，但是这个术语通常用于指那些较厚的冰晶雾，它由形状不太规则的晶体组成，能降低能见度。对于经典的钻石尘而言，温度需要低于约零下 20 摄氏度。这意味着空气中的**水蒸气**通常会直接变成飘落的冰晶，而不是凝结成液滴然后冻住。其结果是形成地表的卷云（第 19 页）或卷层云（第 23 页）。

这样的条件在极地地区尤其是南极地区很常见，在那里晶体生长得非常缓慢，最终形成的钻石尘中都是有着规则形状的小棱柱冰晶。它们不仅会闪闪发光，还会使照射过来的光波发生反射和**折射**，产生清晰而巨大的光弧、光斑和光环，也就是所谓的**晕现象**（参见第 93—99 页）。

要收集到这些闪烁的晶体，观云者们不是非得去南极洲才行。滑雪胜地的造雪机下风处，也有纯粹的钻石尘，它们能产生壮观的晕现象。

钻石尘的晶体从夜空中掉落时会闪闪发光。

美国宾夕法尼亚州阿波罗上空，格罗弗·施拉耶尔（会员编号 14209）摄

由于云彩自身的高度，贝母云能在日落后持续两个小时。

□ 观测到贝母云	分数：45 + 20 加到记分卡

日期：...................................... 时间：......................................

地点：..

天气条件：...

□ 照片文件：..

集云分数：	典型高度：16—32 千米。
任意贝母云 .... 45 分 □	降水：无。
如果看到日落后贝母云不再明亮，颜色也突然消失，可获得加分	易混淆：对流层更低的云彩上出现的虹彩色（第 81 页）。
.... 20 分 □	

挪威霍克松上空，哈康·S.阿蒙森（会员编号 142141）摄

贝母云 NACREOUS

贝母云形成于距地面16—32千米、温度为零下85摄氏度的平流层，当太阳刚刚落下地平线时，云层散射太阳光，就会呈现出美丽、柔和的彩虹色调。

贝母云有时被称为"珠母云"，它们微小且匀称的冰晶非常适合**衍射**太阳光。小冰晶会将太阳光分解成彩色光带，形成引人注目的虹彩云（第81页），这种现象有时在较低的云中也能见到。

由于贝母云常常出现在世界高纬度地区，它们也被称为"极地平流层云"，就像是荚状云（第29页）的平流层版本。当大气相当**稳定**时，空气流经其下方地面上的山峰，被向上传送，产生云波，并将水分推到较低的平流层中，就形成了贝母云。冬季温度最低的时候是观看贝母云的最佳时节。

令人遗憾的是，这些最让人惊叹的云对于我们的环境来说也是最具破坏性的。云中微小的冰晶是一种催化剂，能够加速我们已经释放到大气中的氯氟化碳气体对臭氧保护层的破坏。这种云有着如此不俗的美貌，没想到也是个陷阱。

贝母云的色调随着太阳与地平线之间的角度而发生变化。

右图：挪威奥斯陆上空·泰耶·达尔（会员编号7712）摄
下图：挪威奥斯陆上空·比拉尔·乔杜里（会员编号13266）摄

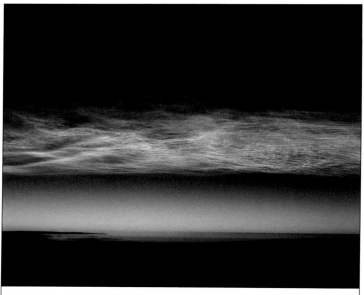

这张照片拍摄于一架距地面 12500 米、正在飞行的飞机上，夜光云位于太空的边缘。

| ☐ 观测到夜光云 | 分数： 45 + 20 加到记分卡 |

日期：................................... 时间：...................................

地点：...

天气条件：...

☐ 照片文件：...

集云分数：	典型高度：48—80 千米。
任意夜光云.................. 45 分 ☐	降水：80 千米之上的高空降水？不会。
如果在纬度低于 50 度（英国以南，新西兰南端以北）的地方看到夜光云，可获得加分............ 20 分 ☐	易混淆：不高于 10 千米的卷层云（第 23 页）；这些云在阴影中，而夜光云依然是明亮的。

冰岛南边的大西洋上空，比尔·瓦伦丁（会员编号 142|1）摄

夜光云 NOCTILUCENT

神秘的夜光云比大气层中所有的云都要高。它也被称为"极地中间层云",它们有着怪异的蓝白色外观,通常呈现为微妙的涟漪或波浪状。

夜光云形成于**中间层**,距地面 48—80 千米,这几乎是大气层的最高处了。它们是如此之高,也就意味着在它们最常出现的高纬度地区,即使太阳已经落下地平线,夜光云仍然能够照亮夜空。当天空中其他部分已经黑暗时,夜光云仍然能够捕捉到太阳光。它们的名字来自拉丁语,意思是"在黑夜中闪耀"。

关于夜光云是如何形成的,还没人弄清楚。中间层是一个空气温度可能低至零下 125 摄氏度,但几乎没有水分的区域。没人知道为什么构成这种云的冰晶在这样一个干燥、偏远的大气层中出现。

历史上,在夏季的几个月,纬度高于 50 度的地区很容易看到这种云。如今,它们也频繁地出现在世界上更多的地方。有些科学家猜测,这种变化可能与全球变暖有关。

观云者要想收集夜光云,最好是在北半球的 5 月到 8 月,南半球 11 月到 3 月期间,太阳才要升起或刚刚落下的时候。

挪威泰夫达伦上空,霍坎·普莱耶尔(会员编号 11905)摄

从某个角度看,这些涟漪使云彩看上去忽厚忽薄。

虹彩云能通过冰晶产生，就像这片卷积云一样。

西澳大利亚州珀斯上空，戴恩·热内克（会员编号 9224）摄

☐ 观测到虹彩云	分数：20 + 10 加到记分卡

日期： .... 时间： ....

地点： ....

天气条件： ....

☐ 照片文件： ....

集云分数：	见于：薄的层积云（第 11 页）、高层云（第 17 页）、高积云（第 15 页）、卷积云（第 21 页）、荚状云（第 29 页）和幞状云（第 43 页）边缘。
在除贝母云（第 77 页）之外的任意云彩中看到虹彩云 ..... 20 分 ☐ 如果看到一片云呈现出多彩的内里，可获得加分 .... 10 分 ☐	**易混淆**：宝光（第 87 页）。

虹彩云 IRIDESCENCE

虹彩云是当太阳光或月光穿过薄云时呈现出的柔和彩带般的美丽效果。这些珠母色也被称为虹彩色，它们是由穿过云层的光线发生**衍射**引起的。在太阳或月亮周围有时会有彩色光盘，叫作华（第83页），虹彩云的形成过程与华一样。当光波从云中的微小液滴或冰晶旁经过时，光波被分散开来，不同波长的光展开的角度不同。每个波长都可以产生明暗相间的干涉图案。这意味着太阳光被分成了不同颜色的条纹。

任何薄云，如果其中包含的液滴或冰晶很小且很均匀，就能产生虹彩色。我们最好借助太阳眼镜来进行观看，色调柔和的彩带让人联想到油画上的色彩，它们可以在薄薄的层积云（第11页）、高积云（第15页）、卷积云（第21页）和高层云（第17页）中看到。**平流层**中的贝母云（第77页）比大多数云彩都高，也呈现出最强烈的虹彩色。

如果云彩很厚，遮挡住了大部分太阳光，我们也可以在其边缘看到彩色，例如在荚状云（第29页）上。因此，说每一片云都有银边是不对的——有些云的边缘有着各种各样的色彩。

高积云（右图）和蝶状云（下图）中的液滴所形成的虹彩云。

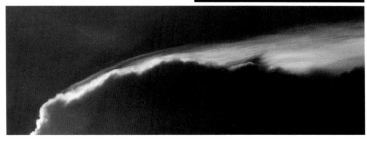

华的宽度取决于云彩之中液滴的尺寸。

美国北卡罗来纳州上空，艾丽·萨米（会员编号10641）摄

| ☐ 观测到华 | 分数： 20 + 15 加到记分卡 |

日期： .... 时间： ....

地点： ....

天气条件： ....

☐ 照片文件： ....

集云分数：	见于：薄的层积云（第 11 页），层云（第 13 页），高层云（第 17 页），高积云（第 15 页），卷层云（第 23 页），卷积云（第 21 页）。
任意华 .... 20 分 ☐ 如果云彩的颜色很明显，能够从中分出多层华环，可获得加分 .... 15 分 ☐	易混淆：宝光（第 87 页）。

华 CORONA

液滴或冰晶
产生的光学现象

当太阳透过薄云闪耀的时候，你可能会在太阳周围发现华。它是蓝白色的明亮圆盘，外边缘红润，周围环绕着一圈一圈的虹彩色。观云者要小心保护眼睛，观看时可以用一只手遮挡一下太阳。云彩在皓月前飘移时，也可以产生华，而且不会对人眼有那么大伤害。

华与虹彩云相关（第81页），它是光线在云中颗粒周围发生**衍射**形成的。只有当颗粒很小且云层很薄的时候，华的颜色才会在中央明亮的圆盘周围变得明显。云滴越小，华越大。

观云者要注意，不要将华与22度晕（第93页）弄混淆。华不仅更小（外边缘与太阳或月亮之间的距离通常小于5度——伸出胳膊，大约三根手指的宽度），而且华还有一个明亮的中心圆盘，或者叫"光轮"，而晕只是一个光环。也不要把它们与宝光（第87页）混淆，宝光通常出现在背朝太阳的方向。

当汽车玻璃由于水汽凝结而起雾，我们透过挡风玻璃也能在汽车头灯周围看到华。如果有谁看到这种现象也给自己的集云分数加分的话，那就属于自欺欺人了。

太阳（右图）和月亮（下图）周围的卷层云形成的华。

右图：澳大利亚新南威尔士州香农市场上空，梅根·杰克（会员编号13764）摄
下图：美国威斯康星州格林湾上空，佩格·詹科（会员编号1527）摄

当曙暮光条透过层积云中的云洞照射出来，会形成"雅各布天梯"。

☐ 观测到曙暮光条　　　　　　　分数：25 + 20 ^{加到记分卡}

日期： ....　时间： ....

地点： ....

天气条件： ....

☐ 照片文件： ....

集云分数：

任意曙暮光条................ 25 分 ☐
在对面天空与太阳相反的一点上，
如果看到辐射出相对来说更不明显
的反曙暮光条，可获得加分.........
.... 20 分 ☐

见于：（典型的）积云（第 9 页）和层积云（第 11 页），水、尘埃和花粉颗粒散射太阳光，映照出立体的云影。

希腊莱夫卡斯岛西海岸上空，安杰拉·克拉格斯（会员编号 4522）摄

曙暮光条 CREPUSCULAR RAYS

液滴
产生的光学现象

　　即使不知道曙暮光条的名字，大多数的观云者也有很多机会在"云的光学现象"收集栏中加入曙暮光条的记录。它们是我们熟悉的阳光，看上去是从积云（第9页）后面发射出来，或者从层积云（第11页）的云洞中照射下来。

　　如果微小的大气颗粒太少，不足以呈现为云，却足以散射太阳光的话，就会把光的路径显现出来，这就是曙暮光条。就像用手指挡住手电筒光一样，云彩的影子会映衬出光线的边缘。光线本身虽然是平行的，但是看上去却像是从云彩后面的某一点发射出来的。这与铁路轨道的原理一样，看起来铁轨离我们越近就变得越宽，实际上却是透视效应造成的。

　　不管什么时候，只要你看到了来自低角度太阳的曙暮光条，就注意一下反方向的地平线，找找不太明显的"反曙暮光条"。它们出现在和太阳正对的位置，是由你身后的云彩所造成的阴影，就像在尘土飞扬的电影院里出现在你身后的某个人的影子一样。透视效应使光线看起来在远处某一点汇聚。极少有人注意过反曙暮光条，当然，那些狂热的观云者除外，他们渴求反曙暮光条，像吸血鬼巴望着夜晚的到来。

右图：苏格兰格伦科短山上空，约翰·麦克弗森（会员编号10564）摄

下图：美国亚利桑那州硫磺温泉谷上空，约翰·安斯利（会员编号14212）摄

右图：光线从积云后面呈扇形铺开。下图：反曙暮光条。

"布罗肯幽灵"是由你自己的影子形成的幽灵幻影。

英国坎布里亚郡格里斯戴尔峰上空，戴夫·牛顿（会员编号 14062）摄

☐ 观测到宝光　　　　　　　　分数：30 + 20 加到记分卡

日期：................................ 时间：................................

地点：...

天气条件：..

☐ 照片文件：..

集云分数：

任意宝光 .... 30 分 ☐

当你努力爬到山上去看"布罗肯幽灵"（上图），可获得加分 ....
.... 20 分 ☐

见于： 层云（第 13 页），高积云（第 15 页），高层云（第 17 页），雾（第 73 页）。

易混淆： 华（第 83 页），它们颜色类似，只是华是在太阳周围，而不是在你的影子周围。

宝光 GLORY

观云者必须要去一些高的地方，才能在"云的光学现象"这一栏中加入宝光的记录，因为这种引人注目的现象只有在太阳正位于你身后、将你的影子投射到云层上时才能看到。宝光看上去像是影子周围的一系列彩虹环，尽管我们还没能完全了解其中精确的光学，但它确实是云滴反射、**折射**和**衍射**太阳光形成的。

观看宝光最简单的地方之一是观云的绝佳位置——飞机窗口。宝光有时会出现在飞机的影子周围，在附近的云层或雾中投射出彩色。当云有点远时，阴影就看不到了，你只能看到彩色的圆环。

如果看到最奇怪的宝光——"布罗肯幽灵"，可以获得加分。当你站在山脊上观看云彩时，你自己的影子周围会产生彩色圆环。透视效应会使你影子里腿的部分延伸出去，并带着一个多彩的光环，它看上去就像 20 世纪 70 年代的幽灵。

右图：穿过低空云彩飞行的滑翔机的影子周围产生了宝光。下图：站在桥上透过雾看到的宝光。

右图：澳大利亚新南威尔士州悉尼附近海岸上空，罗伯特·赛考德（会员编号 14208）摄

下图：美国旧金山金门大桥上，米拉·津科娃（会员编号 11067）摄

最好的彩虹是由直径为几毫米的大液滴形成的。

泰国曼谷上空，西提维·桑提坎（会员编号 12381）摄

□ 观测到彩虹　　　分数：15 + 15 加到记分卡

日期：...................................　时间：...................................

地点：...

天气条件：...

□ 照片文件：...

集云分数：	见于：有太阳时的任意降雨——通常是来自浓积云（第 9 页）和积雨云（第 27 页）。
任意彩虹.....................15 分 □ 如果看到了霓，并在霓和虹之间看到了亚历山大暗带，可获得加分.... ....15 分 □	易混淆：环天顶弧（第 97 页），晕现象（第 93—99 页）。

彩虹 *RAINBOW*

　　我们都喜欢彩虹，但别指望看到了彩虹就能使集云分数大大提高。它们太容易见到了。讽刺的是，彩虹平均每年出现 10 次[1]，实际上这个频率比**晕现象**（见第 93—99 页）要低得多，但大多数人却从没注意过晕。

　　要想看到彩虹，就需要背对太阳观看降雨，太阳的高度不能高于地平线上 42 度。[2] 太阳光穿过每个水滴，又从水滴背面的内表面反射出来，太阳光入射和出射的过程中发生了**折射**。组成太阳光的不同组分波长不同，被弯曲的程度也不一样，于是太阳光被分解成各种颜色。**对流云**是产生彩虹的最佳选择，因为它们更有可能在天空晴朗时产生阵雨，从而使阳光直射在液滴上。

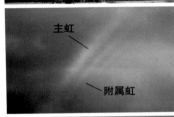

上图和中图：主虹、霓、附属虹和亚历山大暗带。下图：太阳很高的时候，只能看到彩虹的顶部。

　　除了主虹之外，还会出现一条更大但颜色更淡的虹，也叫作霓，两者之间较暗的天空被称为"亚历山大暗带"。在主虹内部，有时会有一些淡淡的彩色条纹，我们称之为"附属虹"。

[1] 参见第 111 页关于光学现象出现频率的注解。——原注
[2] 除非你是在一座高高的建筑里俯视。——原注

云虹经常和宝光（图片右下角）同时出现。

西班牙加那利群岛特内里费岛附近。斯特凡·宾内维斯和约瑟夫·波塞尔（会员编号 14206、14207）摄

☐ 观测到云虹或雾虹 　　　**分数：** 35 + 5 加到记分卡

日期：…………………………… 时间：……………………………

地点：………………………………………………………………

天气条件：…………………………………………………………

☐ 照片文件：………………………………………………………

集云分数：	见于：层云（第 13 页），层积云（第 11 页），高积云（第 15 页），高层云（第 17 页），雾或霭（第 73 页）。
任意云虹或雾虹…………… 35 分 ☐ 如果你能说服别人，使他相信云虹是逝去彩虹的鬼魂，可获得加分… ……………………………… 5 分 ☐	易混淆：彩虹（第 89 页），宝光（第 87 页）。

云虹 CLOUD BOW

云虹很像彩虹，但颜色更浅。事实上，它们往往不会呈现出任何可辨别的颜色，看起来就像白化的彩虹，或是彩虹的鬼魂经过。较大的雨滴反射、**折射**太阳光会产生彩虹（第89页），而低云族和中云族中的微小水滴反射和折射太阳光，就会产生云虹。

要看到云虹，你必须寻找这样的云滴：太阳正从你的视线后方照射到云滴上。这样的视角只有在云彩上方才有，这就是为什么通常从飞机或山顶上更容易看到云虹。这和要看到你影子周围的彩色圆环——宝光（第87页）是一样的条件。所以，如果你看到了二者（云虹和宝光）中的一种，就试试去寻找另一种吧。

观云者如果不想去高空，只是在地面收集白色彩虹，那应该试着找寻"雾虹"。雾虹和云虹几乎一样，只是出现在雾或霭（第73页）中。

云虹／雾虹颜色苍白或缺色，是因为直径小于0.1毫米的云滴会比较大的雨滴更有效地**衍射**太阳光，于是形成的颜色会发生重叠，而不像彩虹那样颜色丰富。

当太阳光照射着薄薄的雾或霭时，找一找雾虹。

卷层云中数不清的冰晶闪闪发亮，形成 22 度晕。

☐ 观测到22度晕	分数：25 + 20 加到记分卡

日期： .... 时间： ....

地点： ....

天气条件： ....

☐ 照片文件： ....

集云分数：	见于：卷层云（第 23 页），卷云（第 19 页），卷积云（第 21 页），钻石尘（第 75 页）。
任意 22 度晕................. 25 分 ☐ 月晕会出现于满月周围，但通常很暗，看不出颜色。如果看到月亮的 22 度晕，可获得加分...... 20 分 ☐	易混淆：华（第 83 页）产生的更小的彩色圆盘。

新西兰奥克兰上空，伊丽莎白·威廉姆斯（会员编号 14213）摄

22度晕 22° HALO

冰晶
产生的晕现象

22 度晕是各种**晕现象**中最为常见的，当太阳光**折射**高云族云彩〔如卷云（第 19 页）、卷层云（第 23 页）和卷积云（第 21 页）〕中的冰晶，或地面冰晶云——钻石尘（第 75 页）时，会出现 22 度晕。22 度晕在一年当中出现的天数大约为 100 天[1]，它看起来像是围绕太阳或月亮的一个大圆环。它的内边缘通常有淡红色的色调，晕和太阳之间的天空区域，比晕圈外的天空颜色更暗一些。当云层范围不够大时，我们只能看到晕的一部分。

22 度晕的内边缘通常呈现为淡红色的色调。

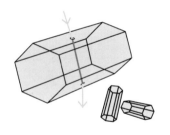

当云中的冰晶为六角形棱柱时，会形成 22 度晕。冰晶朝着不同的方向滚动，它们折射阳光的最大角度是 22 度。它们组合在一起形成一个闪耀的明亮光环，环绕在太阳周围。对于观察者来说，太阳与晕圈之间的角度是 22 度。

观云者第一次看到 22 度晕时会惊喜地发现，它们比照片中看上去更大（要想拍出合适的照片，用广角镜头最合适）。从太阳或月亮到晕圈边缘的距离，相当于伸出手臂时一只手张开的宽度。

虽然 22 度晕值 25 个集云分值，但它不宜用肉眼直接观看，因此请注意第 111 页上观看晕现象的安全建议。

泰国班武里府上空，西提维·桑提坎（会员编号 12381）摄

[1] 参见第 111 页关于光学现象出现频率的注解。——原注

幻日有着面朝太阳的红边和背离太阳的蓝白色拖尾。

| □ 观测到幻日 | 分数：20 + 15 加到记分卡 |

日期：..................................... 时间：.....................................

地点：.....................................

天气条件：.....................................

□ 照片文件：.....................................

集云分数：
一个幻日 .... 20 分 □
如果同时看到太阳两侧的幻日，可获得加分 .... 15 分 □

见于：卷层云（第 23 页），卷云（第 19 页），卷积云（第 21 页），钻石尘（第 75 页），航迹云（第 63 页）。

太阳高度：与地平线之间的角度小于 40 度。

英国约克郡谢菲尔德上空，斯图尔特·麦克维蒂（会员编号 13351）摄

幻日 SUNDOGS

冰晶
产生的晕现象

幻日也被称为"假日"，是太阳的一侧或两侧出现的大光点，高度与太阳齐平。这种**晕现象**的出现频率仅次于22度晕（第93页），每年当中出现的天数约为70天。[1] 幻日形成于太阳光通过薄薄的高云族云彩时发生的冰晶**折射**，例如卷云（第19页）、卷层云（第23页）和卷积云（第21页），或者是那些地面冰晶云——钻石尘（第75页）。两个光点与太阳的距离相当于伸出手臂时一只手张开的宽度。当太阳位置较低时，幻日最明亮；幻日只在太阳与地平线之间的角度小于40度时才可见。如果云彩没在天空中的合适位置上，那么只会出现一个幻日。

观云者应该学会识别什么样的天空容易产生幻日以及其他晕现象。如果蓝色的天空中出现冰晶云，看去有点灰白，像是蒙着一层面纱，那就可以找寻一下光学现象。[2] 如果连闲人都能一眼注意到天空很白，那么说明云层很厚，看不到幻日。

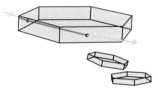

当云中冰晶的形状像六角形板并几乎呈水平方向（就像掉落的叶子）时，就会出现幻日。当太阳在天空中的位置非常低的时候，冰晶将会以22度角折射大部分光线，它们共同作用的结果就是在太阳的两侧呈现出两个明亮的光点，这就是观测者看到的幻日。

幻日总是出现在和太阳同样的高度上。

英国林肯郡波士顿码头上空，奈杰尔·库尼汉（会员编号8777）摄

[1] 参见第111页关于光学现象出现频率的注解。——原注
[2] 参见第111页观看晕现象的安全建议。——原注

这是一段高挂在天空中的环天顶弧，是由钻石尘形成的。

☐ 观测到环天顶弧	分数： 45 + 25 加到记分卡

日期： .... 时间： ....

地点： ....

天气条件： ....

☐ 照片文件： ....

集云分数：	见于：卷层云（第 23 页），卷云
任意环天顶弧.............. 45 分 ☐	（第 19 页），卷积云（第 21 页），钻石尘（第 75 页）。
如果看到环天顶弧与幻日（第 95 页）同时出现，可获得加分.........	太阳高度：与地平线之间的角度小于 30 度，在 22 时最好。
.... 25 分 ☐	

96

环天顶弧 CIRCUMZENITHAL ARC

环天顶弧是一种**晕现象**，看上去就像天空中的彩色笑脸。它的照片乍一看去好像是有人傻乎乎地把彩虹的照片给拿倒了，但实际上这段彩色的弧与彩虹在天空中出现的位置完全不同。环天顶弧一年中出现的次数为 25 次左右 [1]，它形成于高空中，就像环绕天顶的彩色圆环当中最靠近太阳的那一部分。

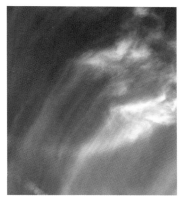

卷云中的冰晶似乎发现了一些值得微笑的东西。

不管什么时候，当你注意到太阳两旁有两个光斑，也就是所谓的幻日（第 95 页），记得抬头朝头顶看看 [2]，你可能会在你的云彩光学现象收集记录里增加这种最美丽的晕现象之一，因为环天顶弧和幻日都是由相同的冰晶产生的。环天顶弧出现在太阳光被薄薄的高云族云彩［例如卷云（第 19 页）、卷层云（第 23 页）和卷积云（第 21 页）］的冰晶或地面冰晶云——钻石尘（第 75 页）**折射**的时候。

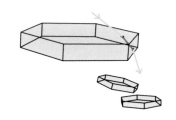

当云中冰晶的形状像六角形板并或多或少呈水平方向（就像秋天的落叶）排列时，就会出现环天顶弧。当太阳光从晶体的顶部照射下来，并从侧面出射，颜色就会被分解，组合出的闪光呈现为一段弧形。

英国威尔士纽波特上空，罗宾·德雷顿（会员编号 13361）摄

[1] 参见第 111 页关于光学现象出现频率的注解。——原注
[2] 参见第 111 页观看晕现象的安全建议。——原注

最好的日柱就出现在太阳刚刚落下地平线之后。

☐ 观测到日柱　　　　　　分数：35 + 10 加到记分卡

日期：...................... 时间：......................

地点：..

天气条件：....................................

☐ 照片文件：................................

集云分数：

任意日柱或月柱............ 35 分 ☐
如果从飞机上看到太阳下方的日柱，还有一个叫作下映日的亮斑，可获得加分.............. 10 分 ☐

见于： 卷层云（第 23 页），卷云（第 19 页），卷积云（第 21 页），钻石尘（第 75 页）。

太阳高度： 太阳与地平线之间的角度小于 5 度；当太阳低于地平线 2 度的时候最清楚。

美国艾奥瓦州上空，安杰拉·巴特尔（会员编号 10568）摄

日柱 SUN PILLARS

当低空的太阳照射过冰晶云时，太阳的上方和下方会出现一道竖直的光条，这就是日柱，这些冰晶云有卷云（第 19 页）、卷层云（第 23 页）和卷积云（第 21 页），或者是地面冰晶云——钻石尘（第 75 页）。出现于夜间的光柱，叫作"月柱"。

就像许多晕现象能在月亮周围看见一样，在满月的月光下也可以看到月柱。

这种**晕现象**一年当中出现的天数大约为 25 天 [1]，它是由于太阳光在冰晶表面发生反射而形成的。日柱近似于海面上闪烁的涟漪形成的闪闪发光的路径。当太阳刚刚落下地平线时，太阳上方延伸出去的日柱最为明亮。

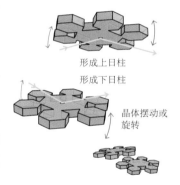

形成上日柱

形成下日柱

晶体摆动或旋转

当太阳光在云中冰晶的表面上发生反射，会形成日柱。要出现高高的日柱的话，需要冰晶在下落的过程中在水平轴线上摆动或旋转。

当云中晶体从光学上来说非常纯净、形状规则、排列工整时，大多数晕现象最好看 [2]，但对日柱来说却不是这样。光线只需要从一个表面上擦过就行，所以晶体可以粗糙，不规则，甚至乱七八糟的。此时云中晶体不是很适于形成那些精细的光弧、光环或光斑，所以说日柱是晕家族中的糙爷们（见第 93—97 页）。

美国威斯康星州格林湾上空，佩格·曾科（会员编号 1527）摄

[1] 参见第 111 页关于光学现象出现频率的注解。——原注

[2] 参见第 111 页观看晕现象的安全建议。——原注

专有名词

不使用专有名词的话，有时很难把云彩解释清楚。云彩条目中用到的专有名词用黑体字标示，下面给出具体释义。释义中提到的其他专有名词也以黑体显示。

附属云：形成于一种主要的云彩类型附近，有时还会与主要的云彩类型发生合并。（见第 43—47 页。）

小云块：铺展开的云层要么是平滑的、连续的，要么是由可分辨的团块组成的。这些团块可以结合在一起，也可以是分离的，这就是小云块。

云族：为了对云彩进行分类，气象学家将**对流层**划分为三个高度（与三个云族相对应）：低层天空（对应于低云族）、中层天空（对应于中云族）和高层天空（对应于高云族）。云彩属于哪一层主要看云底的典型高度在什么范围。

凝结核：飘浮在大气中为数众多的微粒，当尺寸和形状合适时，它们可以充当**水蒸气**启动凝结、形成云滴的"种子"。凝结核的尺寸只有几千分之一毫米，可以是（来自大海的）盐颗粒、（矿物、死去的植物的）尘埃、灰烬或人造污染物的颗粒。

对流云：由上升的**对流气流**形成的云。气流随着上升而不断膨胀，充分冷却之后，其中的一部分**水蒸气**会凝结成云滴。（参见第 9 页和第 27 页。）

对流气流：空气由于被加热（或冷却）而升高（或下沉），因此变得比周围空气更松散（或更致密）。举例来说，当太阳烘烤着地面，空气受热向上飘浮，会形成一股上升的热气流。

衍射：光波穿过诸如云滴或冰晶之类的小障碍物时，会发生衍射。不同波长的光被分散开的角度也不相同，如果云中的微粒尺寸均匀，每个波长上都可以产生明暗相间的干涉条纹。结果就会形成不同颜色的光带。（参见第 81、83、87、89、91 页。）

云属：云的十种主要分类（参见第 9—27 页）。某片云彩每次只能属于一个属。

晕现象：光线通过冰晶云时会发生反射和**折射**，产生的光学效应就是晕现象。如果晶体从光学上说比较纯净且形态规则，它们就会充当微小的棱镜，使光线发生弯折并分散开。那些与太阳呈特定角度的冰晶，相对来说更容易向观察者闪耀亮光。这些亮光组合在一起，会在天空中形成白色或彩色的光弧、光环和光斑。（参见第 93—99 页。）

冰核：特定的空气悬浮粒子会充当液态云滴启动冻结、形成冰晶的"种子"。虽然通常说到处都是**凝结核**，但能结冰的却很少。如果没有冰核，液滴的温度就算降到零下 40 摄氏度左右也还是维持在"过冷状态"。也正是因为缺少合适的冰核，很多云彩在低于 0 摄氏度的时候还是处于**过冷液滴**的状态。

中间层：**平流层**上方的大气层区域，高度范围为 48—80 千米以上。这是大气层中最冷的部分，这里的气温会降至零下 125 摄氏度，地球上最高的云就位于这里。（参见第 79 页。）

多单体风暴：一种雷暴，其中同时有不止一个单体风暴活跃。每个单体都是一个包含上升和下降气流的系统，它们组合在一起形成一个大的积雨云（第 27 页）结构。当云底的大气为单体风暴的纵向生长提供补给，就会触发另一个单体在风暴的前面形成，看上去呈现为一座上升的云塔。虽然比起**超级单体风暴**来说不太协调，但这些连续的单体可以使风暴持续好几个小时。

折射：当光线在空气和云中的水滴或冰晶之间通过时，光线会改变方向。由于不同波长的光被弯折的程度不同，所以通常会导致太阳光分离成其组分颜色。（参见第 89, 93—97 页。）

云种：云的分类，云彩的十个主要类型（或者说十个**云属**）由此得到细分。一种特定的云一次只能属于一个云种。有关所有云彩的正式分类表，参见第 6 页。

稳定空气：由于温度随海拔变化而不同，在这片大气区域中的气块在位置发生变化之后，仍会向下沉降或向上升高，回归到自己原来的位置。

平流层：对流层以上、**中间层**以下的大气区域，高度范围为 19—48 千米。平流层与地表附近的湍流气流被一个**逆温**层隔开，这个逆温层就是**对流层顶**。平流层中的云仅有贝母云（第 77 页）和巨大的积雨云（第 27 页）顶部。

超级单体风暴：一个非常大的、猛烈且持续的雷暴，由积雨云（第 27 页）的自组织结构组成。为了维持云彩的结构，风暴的上升和下降趋势变得协调一致，这通常会持续数小时且跨越很长的距离。超级单体风暴可以产生强风、频繁的闪电、暴雨、大冰雹和龙卷风。

过冷液滴：即使温度低于 0 摄氏度，仍旧不发生冻结的液滴。高积云（第 15 页）等中云族云彩中的液滴常常是过冷液滴。除非有充足的**冰核**促使冻结发生，否则水能在低至零下 40 摄氏度的温度下仍旧保持为液滴形态。

附属特征：这些特征附属于某一种主要的云彩类型，或者说某一个**云属**。（参见第 49—57 页。）

逆温：通常来说，在**对流层**中上升得越高，大气越冷。但在一定海拔范围内，温度会发生反转，不再下降，或者说温度实际上随着高度的增加而升高。这就好像温度曲线遇到了一个"热天花板"，云层不再垂直生长。温度反转可以在**对流层**的任何高度发生，其顶部被定义为**对流层顶**。这也是大型积雨云不再向上发展而是呈现为砧状的原因（见第 27 页和第 57 页）。

对流层顶： 标志着**对流层**和**平流层**之间界线的**逆温层**。

对流层： 大气层的下部区域，在中纬度地区的高度约为 13 千米，在热带地区较高，极地地区较低。这是形成地球上不同天气的湍流区。几乎所有的云都在对流层内形成，只有两个例外，分别是贝母云（第 77 页）和夜光云（第 79 页）。

不稳定空气： 由于温度随高度变化而不同，这片大气区域中的气块在位置发生变化之后仍会继续保持向上或向下的运动趋势。

云的变种： 运用可视特征对云彩进行分类的方法。任何云彩都可以同时有好几种视觉特征，因此可以同时属于多个变种。有关所有云彩的正式分类表，参见第 6 页。

水蒸气： 水的气态形式。当这种看不见的气体（空气中最多变的组分之一）形成液滴或固体冰晶时，就会出现云，这时我们就能看见它了。

摄影师索引

我们非常感谢赏云协会的所有成员，他们同意将他们收藏的云彩贡献出来供这本手册使用。全部图像版权归摄影师所有。

云彩图片索引

当天空中云彩的一部分与这些缩略图类似时，请参阅相应页码来查看云彩可能是什么类型。

37,
15

53,
27

67,
53

39,
19

55,
27

69

41,
15

59,
29

69,
63

43,
9,
27

59,
15

71

47,
25,
27

61

77

49,
27

63

79

51,
15

65

同一幅照片可能会用来说明多个种类的云，因此可能会显示多个页码。云彩产生的光学现象参见第81—99页。

索引

你可以通过访问这个网址 www.cloudappreciationsociety.org 成为赏云协会的会员。你还可以在该网站上发布你拍摄的珍贵云彩图片，以及有关云彩拍摄的建议。

如果想要了解关于云彩的光学现象方面的更多知识，可以访问大气光学网站 www.atoptics.co.uk，该网站由莱斯·考利（会员编号 14）负责运营。

如果你有兴趣了解常见的天气，你也可以考虑加入英国皇家气象学会。该组织每月出版一期《天气》杂志，每年会把那些对天气和气候感兴趣的人召集起来组织会议。更多信息请参见 www.rmets.org。

卷首卷尾环衬页的云图是由安东尼·海森维特（会员编号 2367）制作的，你可以通过 anthony@aqhthestudio.co.uk 这个邮箱地址联系到他。

关于观看晕现象的注意事项

产生晕现象的冰晶云（见第 93—99 页）能挡住的太阳光非常少。观看晕现象的时候一定要将双眼防护好。最好是站在有建筑物、树木或附近有长颈鹿的地方，它们能遮挡住太阳。用单反相机拍摄晕现象的时候一定要多加小心，因为取景器会增加视网膜被直射光损坏的风险。

光学现象出现的频率

所有的晕和其他光学现象的出现频率都是基于德国"大气现象工作小组"在 1986—2004 年间编制的观测结果得出的，该组织网址为 www.meteoros.de。

作者简介

加文·普雷特-平尼
Gavin Pretor-Pinney

毕业于牛津大学和中央圣马丁艺术与设计学院，英国作家，曾与友人共同创办《懒人杂志》。2004年创立赏云协会，经该协会多年努力，糙面云得到了正式命名，并被世界气象组织录入《世界云图》。他因《观浪者指南》而荣获皇家学会温顿科学图书奖，另外著有《宇宙的答案云知道》《尤克里里手册》等作品。

译者简介

王燕平

北京师范大学天体物理硕士毕业，现就职于北京天文馆，研究员。业余从事大气现象摄影观察记录多年，合著有《云与大气现象》《尊贵的雪花》等气象类科普图书，以及《星空帝国：中国古代星宿揭秘》等天文类作品，合译有《DK宇宙大百科》《雪花的答案》等图书。

张 超

北京师范大学天体物理硕士毕业，现就职于中国科学院国家天文台《中国国家天文》杂志社，专职从事科普工作。新华社签约摄影师。代表作品有《荒野传奇》《娱乐也科学》《云与大气现象》《尊贵的雪花》《风吹电来》等科普著作。

图书在版编目（CIP）数据

云彩收集者手册 ／（英）加文·普雷特-平尼
(Gavin Pretor-Pinney)著；王燕平，张超译. —南京：
译林出版社，2018.3（2024.11重印）
（"天际线"丛书）
书名原文：The Cloud Collector's Handbook
ISBN 978-7-5447-7134-4

Ⅰ.①云…　Ⅱ.①加…②王…③张…　Ⅲ.①云－普
及读物　Ⅳ.①P426.5-49

中国版本图书馆 CIP 数据核字（2017）第 261475 号

著作权合同登记号　图字：10-2017-232 号

云彩收集者手册 [英国] 加文·普雷特-平尼／著　王燕平　张　超／译

责任编辑　　杨雅婷
装帧设计　　胡　苨
校　　对　　芮　利
责任印制　　董　虎

原文出版　Sceptre, 2009
出版发行　译林出版社
地　　址　南京市湖南路 1 号 A 楼
邮　　箱　yilin@yilin.com
网　　址　www.yilin.com
市场热线　025-86633278
排　　版　南京展望文化发展有限公司
印　　刷　南京爱德印刷有限公司
开　　本　787 毫米 ×1092 毫米　1/32
印　　张　4
插　　页　4
版　　次　2018 年 3 月第 1 版
印　　次　2024 年 11 月第 30 次印刷
书　　号　ISBN 978-7-5447-7134-4
定　　价　45.00 元